恩州好家风

恩平市妇女联合会　主编

梁水长　执行主编

群言出版社
QUNYAN PRESS

·北京·

图书在版编目（CIP）数据

恩州好家风 / 恩平市妇女联合会主编 ; 梁水长执行主编. -- 北京 : 群言出版社, 2025. 1. -- ISBN 978-7-5193-1030-1

Ⅰ. B823.1

中国国家版本馆CIP数据核字第20242DM197号

责任编辑：李　群
封面设计：李士勇

出版发行：群言出版社
地　　址：北京市东城区东厂胡同北巷1号（100006）
网　　址：www.qypublish.com（官网书城）
电子信箱：qunyancbs@126.com
联系电话：010-65267783　65263836
法律顾问：北京法政安邦律师事务所
经　　销：全国新华书店

印　　刷：深圳市国际彩印有限公司
版　　次：2025年1月第1版
印　　次：2025年1月第1次印刷
开　　本：710mm×1000mm　1/16
印　　张：14.75
字　　数：200千字
书　　号：ISBN 978-7-5193-1030-1
定　　价：68.00元

前　言

恩平，古称恩州、南恩州。据《恩平县志》记载，恩平建县始于东汉延康元年（220年），距今1800多年，历史悠久，源远流长。这里风景秀丽，人杰地灵。

参天之木，必有其根，怀山之水，必有其源。家风是给世代家族成员树立的价值准则，是家庭文明建设的宝贵精神财富。本书从恩平范围内觅取一些优秀家风故事以飨读者。特别是明清以来，恩平人才辈出，星光熠熠。歇马举人村是闻名遐迩的人才村，梁君杖一家四代出了62名功名人士。咸丰年间，梁元桂考取进士，任台澎兵备道兼理提督学政、资政大夫。牛江镇杏圃村诞生了中国航空之父冯如，给中国龙"插上翅膀"，誉满全球。抗日战争时期、解放战争时期，冯燊、禤荣和吴有恒为粤中和南路革命根据地的建立作出巨大贡献，被尊称为恩平"三老"。与"三老"齐名的郑锦波是广阳支队司令，为祖国的解放事业立下汗马功劳。祖籍恩平塘龙村的唐明照是中国驻联合国首任副秘书长，为新中国的外交事业作出巨大贡献。

一个古老的县邑能人才涌现，纵观历史的发展，人们不难看出其与育人环境有关，其中良好的家风起着重要的作用。这也是中华民族传统文化的一种力量，影响深远。能体现家风内涵的往往是那些杰出的家训、祖训，比如沙湖塘劳村"唐虞揖让，劳诲忠爱"，立村之初刻石村口，是十分经典的传统祖训。冯氏莲塘家风充分而典型地突出表现为"爱国爱乡"。冯如壮志凌云，发誓要为航空救国贡献力量，立下誓言为祖国造出飞机，"成一技艺以归缩祖国，苟无成毋宁死"，这不但激励了族人，形成了具有丰富内涵的家风，更激励着中华儿女为中华民族伟大复兴敢于先行先试，勇于拼搏创新。歇马举人村祖先立下的祖训"笔筒量米也教子读书"，还有"缉熙堂训"促使一代又一代的歇马人追求读书成才，笃学求知，改变命运，并由此产生了世代倡导的"励学制"。这是一个了不起的创举，成为宝贵的非物质文化遗产，对新时代学风建设仍起着重要的启迪作用。恩平"三老"与郑锦波堪称传承红色基因、赓续革命血脉的楷模。五邑地区唯一的红军长征战士冯燊立下家训"忠孝并举，励志自强，服务人民，到困难中去，以困难解决困难"。禤荣立下家训要求家人"做一个有益于国家、有益于社会、有益于人民的人"。吴有恒的家人把家训"因材而笃，树德务滋"刻写在自家书屋门口。他们的家训各有特点，但都对家人、对自己提出追求道德高尚，永远忠诚于党的事业，服务人民，不怕困难，奋勇前进，立德树人的要求。塘龙村的族训很独特，世代牢记："方正存真理，和行表善端，英彦宏志开新宇，兴祥贤德耀华章。"唐明照不但践行族训，还寄语自己的孩子和祖国的年轻一代时刻做到"严""明""勤""忠""爱"，把一生交给党和祖国。镶盖山六壮士的豪言壮语永远在恩平大地回响，教子山下教子美。巾帼英雄张瑞芬壮志凌云、气冲霄汉，成为恩平人民学习的榜样。共产党员温文爱一家有6位党龄超过50年的成员，是名副其实的"党员之家"，被评为"全国最美家庭"，一家人在日常生活中以一名共产党员的标准严格要求自己。大槐华侨农场的知青留下了宝贵的集体家训："把不可能变成可能"成为恩平人开创时代新篇章的不朽精神力量。祖辈生活在大山里的那吉人世代养成的勤劳俭朴家风，总能潜移默化地影响后来的人们为美好的生活而努力奋斗。

综上所述，家风，就是一个家庭、一个家族通过数代人不懈地总结与领悟而传承下来的家庭文化瑰宝，是最丰厚、最有价值的遗产。它是一个家族自觉形成的符合社会主流价值观的家庭价值观念和规矩。良好的家风传承下来，目的是约束和鼓舞后代，使其家门兴盛不衰，人才辈出。

恩平人的家风内涵极大地丰富了中华民族的精神与价值观。良好家风都是从家训的创设与完善中开始的，家训不只是美德的概述和导向，更是人生智慧的凝聚，它能产生最温暖的文化力量，是我们伟大而宝贵的财富，对家风建设起着巨大的作用。

有史以来，中华民族弘扬美好家风的意义在于修身，齐家，治国，平天下。家风是立身为人的行为准则，是社会和谐的基本细胞，更是国家民族不断向前发展的推动力量。家风往往是耳濡目染、润物无声的，对一个人一个家庭甚至社会起着重要的教化作用。古往今来，中国人在教育子女时，非常看重家风内涵。习近平总书记强调指出，家庭是社会的基本细胞，是人生的第一所学校。不论时代发生多大变化，不论生活格局发生多大变化，我们都要重视家庭建设，注重家庭、注重家教、注重家风。恩平市妇联深入组织学习习近平关于家风建设的论述，通过各种方式挖掘和研究恩平家风典型生动的内涵，编写了有价值的家训和家风故事，以每一个家庭为基本单位，开展生动活泼的活动，在全社会宣传推广，以家风建设带动思想道德建设，带动时代先进文化建设，具有极为重要的价值和意义。

为了配合上述活动的持久开展，让具有传统美德和时代特色的家风故事世代流传，我们经过近两年的调研和采访，反复琢磨提炼，组织编写了本书，以期让每个家庭都有一份精神食粮，促使美好家风建设不断上新台阶，这对于新时代家庭新风的塑造大有裨益。是为盼并序。

2024 年 8 月

目录

第一章 "用心""忠孝"，美好的家国情怀成就东方飞龙

　　冯如，出生在中国恩平市昌梅杏圃村，是一个怀揣伟大梦想的中国人，冯如梦唱响中国梦。

　　莲花启瑞，塘草生春，

　　眼前的风景，心中的向往，

　　百年前一个少年怀揣梦想，

　　漂洋过海，壮志翱翔，

　　二十九个春秋逐梦蓝天，

　　五千年中华民族奋发图强，

　　造飞机，成大业，

　　爱祖国，为家乡，

　　冯如梦，侨乡梦，

　　一飞冲天，东方巨龙插翅膀，

　　谱写史诗惊动世界，

　　雄鹰振翅引领华夏少年，

　　把中国梦唱响。

　　冯如是中国航空之父，作为一个伟大的爱国者，冯如创造了诸多"第一"的荣耀。比如"中国第一个飞机设计师、制造家""中

冯如雕像

冯如故里

国第一个飞行家""辛亥革命第一个飞机长"……冯如是勤奋好学、善于创新发明的年轻人，在美国玩转飞天梦。他誓言"成一技艺以归飨祖国，苟无成毋宁死"。1911年，他毅然回国参加辛亥革命，1912年燕塘试飞牺牲，"冯如精神"永放光芒。

恩平冯氏和冯如为中华民族留下了伟大的精神财富。为赓续血脉家风，族人早已建成冯如纪念楼。冯氏家族的祖训、家训，还有《冯如格言》《冯培德美言》《孙中山论冯如》和《国外报纸对冯如的评论》等都已经成为冯氏家风的重要组成部分。冯氏祖训："振作哪有闲时，少时壮时老年时，时时须努力；成名原非易事，家事国事天下事，事事要关心。"振作精神，从少年到老年，每时每刻都要为远大的志向奋发努力；建功立业是不容易的事，必须毕生振作努力，时时刻刻关切身边的、周围的、天下的事。简而言之，就是要从小立志，努力成才，胸怀天下。

《恩平冯氏族谱》记载，从南北朝冯宝妻洗夫人遗训"用心""忠孝"开始，到冯如这一代，"成一技艺以归飨祖国，苟无成毋宁死"。纵观恩平冯氏的繁衍发展，其最核心最鼓舞人

"用心""忠孝"的巾帼英雄冼夫人

心的精神内核就是爱国爱乡，敢为人先，勇于拼搏，出类拔萃。冯如一生爱国爱乡，是传承冯氏优良家风的杰出人物，其对后人影响很大，促使许多优秀的族人诞生。家国情怀成就东方飞龙，"冯如精神"成了冯氏家风活的灵魂，民被其泽，影响深远。

飞天梦光宗耀祖，千秋亮丽铸成民族魂

鸦片战争之后，中国已被腐败的清政府弄得内外交困，民生凋敝。1848年，美国旧金山出现淘金热潮。恩平有不少人为了摆脱厄运，从那时起陆续离乡背井，漂洋过海来到旧金山谋生。

冯如虽然僻居乡间，但仍然可以听到一些归国华侨谈论外国科学进步、实业发达的情况。那时冯如正在读私塾，老先生有着深厚的中国历史文化知识，常常讲嫦娥奔月、孙悟空一个筋斗十万八千里、中国人上下五千年追求飞天的梦想故事，还常常结合侨乡实际，鼓励和指引乡村孩子们到国外学习先进的科学技术，树立远大理想，回来建设国家。小小冯如把这些故事和老师的勉励话语都记在了心里。

当年冯如家中的生活非常困难，供不起他继续读书。当时恰巧冯如的伯母有一个弟弟，名叫吴英兰，在美国旧金山做小本生

意，1895年回乡省亲。冯如父母知道这个情况，支持冯如前往美国旧金山谋生与学习，希望他有朝一日荣归故里。在老师和亲人的鼓励下，冯如有了去外国学习及谋生以增长见识的念头。就这样为酬壮志，冯如漂洋过海到了异国他乡。

冯如到旧金山后，得到了亲友的帮助。经人介绍，他日间在当地的耶稣教会做童工，夜间在英文补习学校学习英文。他目睹了处于上升时期的资本主义国家，接触了先进的机器和技术，心里有了技艺报国的想法，"尝谓国家之富强，由于工艺发达，而工艺发达，必有赖于机器。今中国贫弱极矣，非学习机器不足以助工艺之发达"。于是他发愤学习英文，为研究制造机器做准备。

冯如年仅16岁，便赴美国一船厂做工，先当学徒，后来又转到纽约的发电厂、机器制造工厂工作。在当时美国排华恶浪的冲击下，冯如饱受种族主义者的歧视和侮辱，备尝身处异域的辛酸。然而他胸怀大志、不同流俗，愈见外国科学技术及工业先

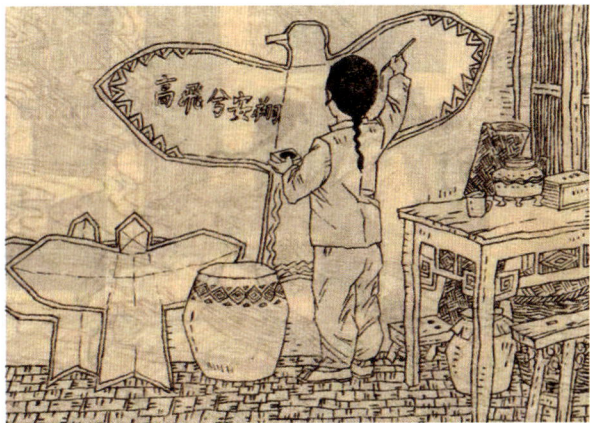

童年的冯如

进，就愈加激起刻苦学习、振兴中华的坚定意志。冯如在纽约工作期间，不但同工不同酬，工资明显比白人低，还曾被无故解雇。多亏美国的同乡、亲友的帮助，他在这一工厂被解雇后，便转到另一工厂工作。其中也有个别的工厂对冯如比较好，让他免费在工厂实习。转换工厂或工种，虽然给冯如带来了不少困难，但他也由此接触到了更多种类的机器，增进了他机器相关知识的广度

冯如根据雄鹰飞翔思考飞机的飞行原理

和深度。

恶劣的环境对畏难怕苦的人是严酷的打击，对奋发向上的冯如却是激励其前进的动力。他节衣缩食，省钱买书；他强忍疲惫，学习不息，白天在工厂做完繁重的劳动后，晚上回到家里，就聚精会神地研读有关的科技书籍，总结经验，不到夜里三点，从不上床歇息。初时，冯如研读英文科技书刊，不得不借助字典，先把这些书刊的内容译成中文，再仔细地加以深入研究。这样艰苦的学习，不但使他逐渐提高了研读英文科技书刊的能力，切实掌握了书中的科学技术知识，还有助于日后把这些知识介绍给祖国的同胞。

冯如经过十年的工作实践和学习，终于精通了机械和电机的专门技术知识，能够熟练地设计和制造各种机器。特别是他制造的小型发电机，不但运输、移动方便，而且发电效率优良，不久他又发明了抽水、打桩两种机器。钻研的深刻，学科的全面，为冯如日后成功研制飞机打下良好基础。

壮国体，挽利权，"成一技艺以归飨祖国，苟无成毋宁死"

1905 年，正值冯如潜心研究机器制造时，日本和沙皇俄国为了争夺我国东北三省的权益，在我国东北三省疯狂厮杀。时年 22 岁，在机器制造技术上已经取得高深造诣的冯如，眼看祖国主权被践踏，骨肉同胞遭蹂躏，愤慨万分。世界第一架飞机的制造成功和帝国主义对中国的侵略，使冯如痛彻地感到飞机的重要性，可见冯如这时已经进一步认识到，只注重发展祖国的机器制造事业，还不能改变祖国受欺凌、被宰割的悲惨局面，要振兴中华，使祖国不受欺凌、宰割，除了发展机器制造事业，"助工艺之发达"外，还要有一支装备先进、强大的军队，才能抵御外侮，保卫祖国。

壮志凌云

1906 年，冯如从纽约重返旧金山，经营机器制造、销售业。当时青年华侨朱竹泉对冯如十分钦佩，遂拜冯如为师，学习机器制造。

冯如虽然早就有发展祖国工业和科学技术的设想，但他认为当前应该首先建立和发展祖国的航空事业，他决定把主要精力投向飞机制造业。为了慎重起见，他把自己建立和发展祖国航空事业、实现中华民族腾飞的理想和步骤，向他的几位志同道合的华侨同乡透露，听取他们的意见。

旧金山华侨很多，富有的也不少。他们平日受帝国主义欺凌、压迫，爱国心切。其中一些富有的华侨，还打算聘请冯如负责实施他们投资发展祖国电力工业和最新科技的计划。他们虽然对冯如的电力、机器和科学技术专业知识技能充满信心，对冯如为"壮国体，挽利权"而制造飞机的爱国精神也极为赞佩，但由于制造飞机在当时先进的工业国家中还处于摸索阶段，在旅美华侨中更属初创。他们怕制造飞机失败，投资受损失，故多存观望态度，只有黄杞、张南、谭耀能三人，甘愿冒失败的风险，不怕投资受损失，毅然出钱出力，予以支持。他们只筹得资金 1000 元，于 1908 年 5 月，租得与旧金山隔圣弗朗西斯科海湾相望的奥克兰东九街第 359 号一座面积仅为 7.4 平方米的房屋为厂房，定名为广东机器制造厂。冯如决心以自己的努力，克服一切困难，在航空科学领域，与莱特兄弟等当时世界著名飞行家一比高低，在艰苦的环境中，开创中国前所未有的伟业——飞机制造事业。

冯如不但是我国第一个提出"航空救国"主张，并为其实现而奋斗终身的中国人，而且是我国航空学术的先驱者。他于 1906 年，提出了"军用利器，莫若飞机"的说法，并发誓"必身为之倡"。1906 年，冯如又指出："当此竞争时代，飞机为军

孙中山书法作品

事上万不可缺之物，与其制一战舰，费数百万之金钱，何不将此款以造数百只飞机，价廉工省。倘得千百只飞机分守中国港口，内地可保无虞。中国之强，必空中全用飞机，如水路全用轮船。"短短的数句，却可算得我国最早的航空学术论文。这篇"论文"大致可以概括引申为以下两个方面：

第一，飞机必将成为威力巨大的武器，在将来的战争中必然担当重要的、不可替代的角色。它的加入必然使传统的平面战争发展成为立体战争，引起战术、战略、国防设计的方向和重点等方面的重大变革。冯如无愧是中国也是世界上最早的军事航空思想家之一。

第二，必须自力更生发展本国航空事业。冯如致力为祖国研制飞机，务求"成一技艺以归缭祖国，苟无成毋宁死"的这一爱国思想，和他童年时在家乡、青年时在美国目击帝国主义侵略祖国，同胞受欺凌、压迫的惨状有关。他深知依赖外国，靠购买外国飞机来建立和发展本国航空事业，不但得不到先进的飞机，还要俯仰由人，诸多掣肘。所以他一开始就把发展祖国航空事业，置于自制飞机、自力更生的基础上。他以自己的航空实践和奋斗历史启示人们：要发展祖国航空事业，就必须建立自己的航空工业。历史事实完全证明了冯如的航空救国思想和实践的正确性，为我们展示了航空救国应走的道路。

冯如航空救国思想的基本含义可以理解为在吸取外国先进科学技术知识的基础上，实行自力更生，切实掌握和运用飞机这一科学技术的最新成果，发展祖国的航空事业，带动全面的经济建设和科技文化发展。他的这一思想，在我国航空发展史上，起着积极的促进作用。

大智者大勇无畏，砥砺前行，必遂青云之志

冯如知道，要在开创和发展祖国航空事业上取得广大旅美华侨的信任和支持，必须尽快把飞机制造出来。为此，冯如勤奋地学习和研究，刻苦研读了大量有关航空的科学文献，从最早试图飞行者的历史到最新的实验报告。深入研究"寇蒂斯"等多种形式的双、单翼飞机的设计图，探讨不同形式的飞机的制造方法和介绍资料。可以想见，冯如当时是如何尽力地搜集丰富的资料和精心地进行研究的。

冯如为了探索飞机的制造和驾驶技术，也曾反复地观察过飞鸟的飞行情况。他常对助手说，要飞，就要向飞鸟学习。冯如研读过大量航空技术及航空历史资料。他当然知道，人要真正实现飞行，绝不能单纯模仿飞鸟。他向飞鸟学习，是从鸟类的飞行中，探索飞机的制造和驾驶技术；是从鸟类翅膀的外形及其与飞行的关系中，去探索鸟飞翔的机制，探索设计与制造飞机的方法。

为吸取其他飞行家的成功经验，加速飞机的制造进程，冯如从搜集到的大量制造飞机的技术资料中，经过数月的潜心研究，在融会贯通、博采众长的基础上，先成功绘制了一张包括飞机的整体结构和各个零部件的设计图。

冯如一向信奉中国的一句格言："工欲善其事，必先利其器。"广东机器制造厂成立后，资金比较充裕，冯如有了将想法付诸实践的更好条件。他除了尽可能地按照规划来布置工场外，还购置了一批生产工具。

莱特在洛杉矶表演飞行，冯如为了借鉴航空界前辈经验，专程前往参观。但表演者为了技术保密，限定参观者必须远离飞机三里，不许靠前。资本主义国家在科学领域上的封锁，使冯如无法通过参观获得教益，但也激发了冯如自力更生、奋发图强的坚定意志。他返回奥克兰后，日夜研究制造飞机之法。

正当冯如把全部精力都投入飞机设计制造的时候，工场突然失火被焚。冯如立即采取应变措施，在麦园搭造临时棚厂为工场。棚厂简陋，风雨交加，冯如不以为苦，专心致志地研究和制造飞机。

虽然屡次失败，但冯如并不灰心，他确信失败是取得成功必须付出的代价。对于每次失败，冯如都仔细分析其原因，然后加以改进，再试飞，再改进。直到熟练地掌握了制造飞机的工艺，就这样飞机从不能飞离地面到可以飞上天空。

这时，冯如离家多年，其父母妻子屡次促其回家团聚。同时，也有人劝冯如乘回国省亲之便，向清政府求助，在国内设厂研制飞机，既可与家人团聚，又便于发展祖国航空事业。冯如说："为祖国制造飞机主要靠我们自己，国内目前也缺乏研制飞机的条件。"冯如复信婉言劝慰家人，并毅然宣布："飞机不成，誓不回家。"

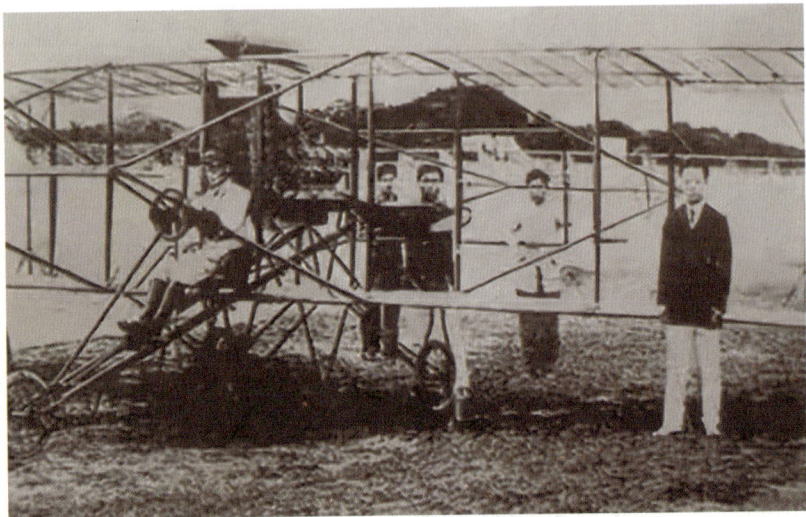

冯如（右一）和他的一号飞机

冯如经过一年多的艰辛努力，终于制成一架可以载人飞行的动力飞机。

1909年9月，冯如和他的三位助手把飞机运到郊外，首次试飞成功。这时距离美国莱特兄弟试飞成功的时间还不到6年。当时世界航空技术虽然尚在初级阶段，但也已开始出现飞机制造与飞机驾驶的分工。冯如不但自己设计制造飞机和发动机，同时也是驾驶员，可算得上全能飞行家。这次试飞飞行了半英里（804.79米），远远超过世界最早的飞机师莱特兄弟第一次试飞航程260米的成绩，为中国动力载人飞行史写下了光辉的第一页。

当时外国报刊对冯如飞天成功给予史无前例的评价——"冯如为中国龙插上翅膀，远远将白人抛在后面。"

冯如首次试飞坠地后，他的助手担心他的安全。冯如却坦然地说："要想飞上天，唯一的途径是博众家之长，把飞机制造出来，再在飞行实践中不断改进，逐步完善，飞行哪能不担风险？"冯如为人类腾飞的伟业而冒险、不怕牺牲的大无畏精神永远激励着心怀飞天梦的人们。他的业绩和精神，实属难得，光耀航空史册。

伟大的生命必有伟大的目标

秉性谦虚的冯如虽然不愿意宣扬自己，但他在美国的飞行表演，在飞机制造和飞行技术方面的成就，却迅速传播开来，一直传到远隔重洋生养他的祖国，并引起国内各界人士和旅美华侨的关注。他们一直在猜测冯如将会得到怎样的荣誉和地位。当时，孙中山先生领导的民主革命运动正在蓬勃发展，革命武装起义此起彼伏，清政府已处于风雨飘摇之中。清政府两广总督张鸣岐从巩固其统治的两广地区的封建秩序出发，想利用冯如为其建立航空部队，增强统治实力，遂于1911年1月下旬电召冯如回国，许以破格录用，又委托正在美国考察游历的商务印书馆编译所所长、著名学者张元济当面邀请冯如火速归国。冯如是在继"冯如二号飞机"制造成功着手装配第二架飞机的时候，接到清政府的电召和张元济的当面邀请的。

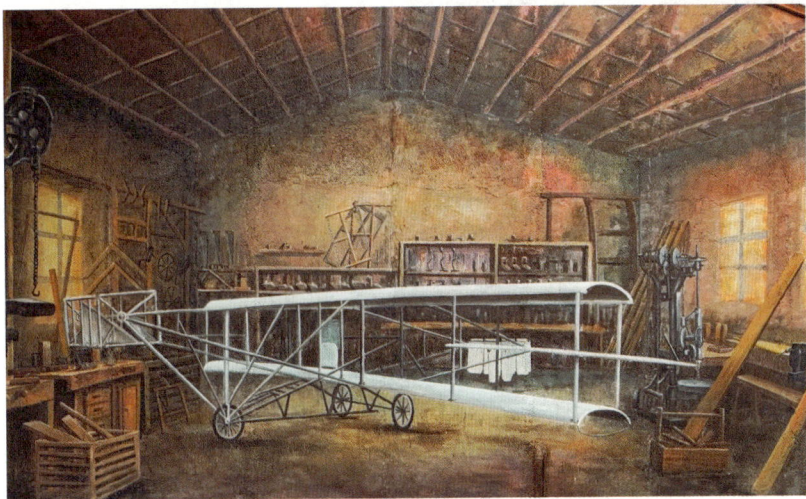

"冯如二号飞机"

　　航空技术是当时最尖端的科学技术，冯如完全可以用他掌握的航空科学技术知识，在美国经营航空事业，赚取大量金钱。当时也有美国人想用重金聘请他留在美国教授航空技术，但金钱买不动冯如振兴中华航空事业的赤诚爱国之心。他无意在美国经营航空事业，获取金钱；也不愿"楚材晋用"，决然不接受美国人的聘任。为发展航空事业，他刻苦钻研航空技术，甘冒粉身碎骨的危险进行试飞，创办飞机制造企业。强烈的爱国心驱使他从速回国，为生养他的祖国创办富国强兵的航空事业，故其接受了清政府两广总督张鸣岐的邀请，并立即办理离美归国手续。

　　冯如回国后积极参加辛亥革命，开始在广州制造飞机和进行飞机表演，向民众普及飞行知识。1911年10月10日，武昌起义爆发，整个中国在沸腾。11月9日，广东军政府成立。冯如率领他的三个助手一起参加革命，被任命为广东革命军飞机长，他的助手朱竹泉为飞机次长，司徒璧如、朱兆槐为飞行员。冯如接受任命后，立即在燕塘恢复了广东飞行器公司制造、装配飞机的业务。

冯如29岁那年，在燕塘试飞时飞机失事，英勇牺牲。临终前，冯如把失事原因，一字一句地告诉他的助手，并勉励他们"勿因吾牺牲而停止制造飞机的进取心，须知此为必有之阶段"。又嘱咐将其遗体葬于黄花岗，愿望是能与"七十二烈士"英灵长相做伴。

冯如纪念碑

飞天的人——敢为人先，勇于创新发明

孙中山高度肯定了冯如敢于创新、敢于拼搏、勇于牺牲的精神。不怕苦、不怕死、敢为人先，是一个发明者最鲜明的品格特质，冯如就是这样的人，一个优秀的中华儿女。飞机的发明和制造成功，推动了人类生产力向前发展，大大提高了人类的生活质量，我们永远不会忘记冯如。

冯培德，我国飞行器导航制导控制专家，中国工程院院士。他与中国航空百年史的开创者冯如先生恰好同村、同族，比冯如晚一辈。正因如此，他对冯如先生之风范由衷地感到敬佩和景仰。冯如先生之于中国航空，如莱特兄弟之于世界航空。对于今天的航空界，甚至对于当代每一个中国人来说，"冯如精神"都是一种不可忘却、至为珍贵的文化遗产。在中国航空百年来临之际，我们极有必要再次重温、重拾这种精神。

什么是"冯如精神"？冯培德告诉我们，根据他的学习和理解，他认为其至少包含以下三个方面。

其一，振兴中华的爱国精神。冯如先生从小就立有大志。当时中华民族积贫积弱，清政府腐败无能，侨居海外的他，决意以振兴中华为己任。当时，随着莱特兄弟的成功，航空技术已作为最先进的科学技术登上历史舞台，影响着各个方面。冯如敏锐地意识到飞机在未来世界发展中的作用和地位。可贵的是，在试制成功世界先进的载人飞机，并成为世界知名飞行家之后，他拒绝了美国人的高薪聘请，不顾国内航空领域空白、器材严重不足等困难，毅然将自己在美国创办的飞机制造厂迁回祖国，将自己研制的两架飞机带回祖国，为祖国开拓航空事业。他是第一个提出航空救国思想的中国人。他特别提出以"壮国体，挽利权"的口号作为开创航空事业的宗旨，号召国人共同努力，建设国家，抵御外侮。

其二，自强进取的创新精神。冯如先生研制成功的飞机，吸取了当时比较先进的"莱特型"飞机的优点，参考和吸取了"花曼""寇蒂斯"等飞机的特点，在机翼、起落架、机体结构等方面，都做了许多独特的改进，最终制成了当时世界上独一无二的"冯如型"飞机。他的第一次飞行，高度、距离都超过了莱特兄弟的首次飞行，是当时世界上第一流的。当时在世界范围内，航空技术还是一个少有人涉足的尖端领域，而从科学技术相对落后甚至封建迷信思想还很深重的国度走出来的冯如，自信地涉足高科技领域，不妄自菲薄、不空谈、低调而扎实地努力、大胆探索、敢于创新、敢为人先，这样的精神尤其值得后人学习和仿效。

其三，坚韧不拔的拼搏精神。冯如先生一生，对自己钟爱的事业锲而不舍，直至舍生忘死。他没受过多少正规学校教育，但凭着矢志攻坚的精神，始终如一地坚持学习，弥补了这一弱点。

在环境不允许他既照顾父母妻子，又不放慢发展祖国航空事业的速度时，他选择了把事业放在第一位。倾全力于航空科学，不怕艰苦、不避危难的精神，是他获得成功的重要原因。

今天，我们将"冯如精神"发扬光大，对于发展国家的航空事业，振奋我们的民族精神，都有特殊的意义。

第一，有利于加强国家航空事业发展及国家空中力量建设。今日世界，综合实力靠前的强国一定是航空大国。而一个国家的航空工业水平、所拥有的空中军事力量的强弱、国民的航空意识、国内航空运动开展的氛围，都在相当程度上成为一国整体实力的象征。未来，我国空天领域的国家利益越来越复杂，安全形势越来越严峻，国家安全、经济利益都与空天发展息息相关。同时，航空高科技集现代科学技术发展之大成，空军是与现代高科技紧密相连的具有战略地位的军种，二者都需要国家的大力扶持和投入，更需要全民的支持和关心，"冯如精神"永不过时。

第二，振奋民族精神，为国家和平发展提供精神支撑。当下，我国正处于和平发展的历史进程中。而一个国家的发展，一是需要民族精神的崛起，二是需要一大批志向远大、忧国忧民的青年英才投身于报国的洪流。大力提倡"冯如精神"，对鼓励年轻人树立远大志向，强化爱国主义精神，积极投身航空事业可以产生良好的影响，对于号召海外侨胞关心祖国建设也有着一定的作用。

第三，弘扬创新文化，适应时代需要。我国正处于以习近平新时代中国特色社会主义思想、积极建设创新型国家的重要历史时期，需要高举创新旗帜，在全社会倡导并形成创新共识，塑造创新文化，打造创新产业。冯如是我国航空事业的先驱，也是创新的先驱。他的创新精神，对当代人同样具有强烈的激励和鼓舞作用。

传承伟大的"冯如精神"，冯培德有着深刻的论述——

我们总是想起百年前的一个历史瞬间：1909 年 9 月 21 日，中国航空之父冯如在美国奥克兰市派德蒙特山地附近，成功地试飞了一架自行设计、研制、生产的有人驾驶飞机"冯如一号"。这是中国人研制生产的第一架飞机，揭开了中国动力载人飞行史的第一页。以冯如试飞载人飞机为标志，中国航空事业至今恰好走过百年历程，这对中国人来说，是一件非常值得纪念的大事。这项纪念将促使我们认真思考天空中未来的挑战和前进的方向，唤起我们觉醒和奋进的决心。

"冯如精神"于中国仁人志士的家国情怀而言，既是传承又是升华。一部冯氏的家风史渗透着中华民族至高无上的"忠孝"精神，为我们树立了永远的榜样。

冯如的一生是短暂的，但他的精神永放光芒，时刻昭示着后人踏着他的足迹为祖国的航空事业而奋斗。

美好家风贵在传承，冯培德院士是践行者

冯氏家风传承有来者，冯培德的根脉也在恩平，是冯如族人的后代。在祖国的航空航天事业上，可谓前赴后继，冯培德完成了冯如未竟的事业。

冯培德，1941 年 4 月生于天津，恩平牛江莲塘人，教授。冯培德是我国飞行器导航制导控制专家，本科毕业于北京大学，研究生毕业于南京航空航天大学自动控制系。2001 年，其当选中国工程院院士。冯培德历任中国航空工业集团公司飞行自动控制研究所所长、航空工业科技委副主任等职务。他还是国家大飞机工程专家咨询委员会成员，中国工程院机械运载学部副主任。冯培德曾先后被评为国家级有突出贡献的中青年专家、全国先进工作者、航空工业劳动模范、中国一航优秀领导干部。他先后获

国家科技进步特等奖、二等奖，国家发明三等奖各 1 次，部级科技进步奖共 12 次，并获航空金奖。他作为总设计师，主持了航空惯性导航系统国家专项的研制工作，填补了国家空白。其主持研发的惯导系统，已装备众多机种。他还在捷联式惯导、组合导航、激光陀螺、微机电系统方面做了很多开创性、奠基性的工作。

冯培德

冯培德荣誉等身，仍初心如磐。作为杰出乡贤，冯培德本身就是我国航空航天与教育事业发展的集大成者，也是青少年学习的榜样。

冯培德学术过人，品德高尚，是"冯如精神"的传承人，同样是恩平的骄傲。为让家乡在航天航空事业方面后继有人，鼓励家乡子弟学习科学知识，掌握科学方法，培养科学精神，冯院士每年向冯如纪念中学捐款 10 万元，成立航空特色教育基金。近年来，冯培德院士多次回乡参加冯如纪念活动，并举办讲座传播航空知识，在孩子们的心田种下科学的种子。2021 年，他了解到学校的教学平台还比较落后，同年 7 月即捐赠 10 万元定向用于恩平市冯如纪念中学校园建设，推动恩平教育发展。2022 年、2023 年，冯培德院士分别捐赠 10 万元用于奖学助教。

冯培德的孩子冯亮，1985 年出生，毕业于北京航空航天大学光电信息工程专业（硕士），现任职于中国航空工业集团有限公司。冯亮从小受父亲的影响，经常随父亲回到莲塘故里，了解家乡的风土人情，学习家乡文化，特别是研究前辈冯如的成长史，学习"冯如精神"，努力为家乡建设添砖加瓦，为国争光。

一直以来，冯培德十分关心家乡恩平的经济社会发展。冯培德经常带着孩子回到家乡恩平，为弘扬冯如文化、打造冯如品牌不遗余力。

冯培德经常回到家乡恩平调研，了解乡情民情，一直关心家乡恩平的发展，特别是教育事业的发展，他还积极搭建桥梁，推动家乡与北航等航空航天院校的合作，让冯如故里培养出更多航空航天方面的优秀学子。

冯培德院士的愿望正在逐步实现。近年来，恩平航空特色教育取得较好成效，常态化冯如嘉年华等活动进一步打响冯如品牌，各类航空主题的研学活动开展得如火如荼。

冯如一生爱国爱乡，他从青少年时就确立了航空救国思想，为祖国研制飞机。冯如认为生命的最高境界是为国捐躯。

冯如重视科学，自力更生，奋发图强，虽经数度飞机坠毁，险遭身亡的威胁，却仍冲锋在前，为发展祖国航空航天事业而勇往直前的精神，既是他对我国历史上科学家的伟大精神和创造能力的继承和发扬，也是他留给我们的精神遗产。特别是他的遗言，虽然只有短短的几句话，却充分体现了他为发展祖国航空事业，振兴中华死而后已的精神，真是字字珠玑，可写入史册。

冯如是中华民族的优秀儿女，中国航空之父，永远是我们学习的好榜样。现在，中国航空航天事业已经走在世界前列，全球瞩目。无论中华民族将来飞到哪个星球，我们的航空航天路都是从冯如脚下开始的。

冯如爱国爱乡的精神，在自我要求、自觉践行中，可以集中概括为"三为",即为国思、为国事、为国死——

为国思，冯如以其独到的眼光看到"军用利器，莫若飞机"的巨大威力，以及在空中保卫祖国，"固吾圉，慑强邻"的重要作用，从而得出"飞机为军事上万不可缺之物"和"中国之强，必空中全用飞机"的结论。引导人们将国防观念和视野从地面转向广阔的空间；帮助人们明确了在飞机出现以后，应将国防建设的方向和重点放在航空建设上，冯如无愧是中国也是世界上最早的军事航空思想家之一。

为国事，冯如漂洋过海，身在异国他乡，潜心学文化、学技术。他带领自己的团队，自力更生发展航空事业，自己亲自设计、亲自制造、亲自试飞，建立飞机制造公司，不顾国外的高薪利诱，毅然把飞机带回中国参加辛亥革命。他为祖国制造飞机的目的十分明确，就是要把飞机带回祖国，就是要"壮国体，挽利权"，就是要保家卫国。历史事实完全证明了冯如航空救国思想和实践的正确性，为我们展示了航空救国应走的道路。

为国死，冯如从致力为祖国研制飞机开始就清楚面前的道路是曲折的，困难重重，但前途是光明的，一定要振作精神，越挫越勇，视死如归，践行"成一技艺以归飨祖国，苟无成毋宁死"的誓言。他深情地向自己的家人表达"飞机不成，誓不回家"，这得到了家人的理解。这种舍小家为大家的精神，多么令人敬佩。他29岁那年，驾机在广州燕塘训练时，为国捐躯。临终前冯如还激励亲人们，"勿因吾毙而阻其进取心，须知此为必有之阶段"。冯如告诫大家，有奋斗就会有牺牲，一定要完成他未竟的事业。

一个人能做到"为国思、为国事、为国死"，那是人生的最高境界，是一个最高尚的爱国主义者。这是中华民族最优秀的儿女所能表现出来的伟大品质。冯如以这样的言行实践了他对家国的最伟大的"用心""忠孝"，这对家风乡风的养成意义极大，定将流芳百世。

　　冯如的一生是短暂的更是伟大的，他的精神将在中华民族的历史上永放光芒。他自年少开始，漂洋过海学习科技和研制飞机，他从来不是为自己考虑，也不是为某个人或某个小集团的利益考虑，而完全彻底地为国家大业，为祖国、为家乡争气争光。冯如之所以伟大，是因为他为中国龙插上翅膀，实现了中华民族五千年的飞天梦想。冯如被尊为"中国航空之父"，而他爱国爱乡、勇敢拼搏的精神更是对家国精神最好的传承和发扬，"冯如精神"丰富了冯氏家风的内涵。这种精神融会贯通在一起，形成了不朽的冯氏家风，守护华夏江山。

第二章 | 歇马不歇自奋蹄，笔筒量米也教子读书

　　歇马村是全国文明村，被评为我国第四批历史文化名村，殊荣可嘉。歇马村建于元朝至正年间，距今 600 多年，"笔筒量米也教子读书"的祖训，因为用心至真至诚而撼动人心。在其影响下，歇马人家风优良，人才辈出，实属难能可贵。歇马村人杰地灵，乡风文明，几百年来培育了众多的优秀人才，在村民的生活中无不闪耀着中国儒家传统美德的光辉，礼、义、廉、耻、忠、信、孝、悌、智、志、勇在一代代歇马人的身上充分体现，歇马村流传着许许多多脍炙人口的美德故事。

　　歇马村有个"缉熙堂"，"缉熙"是追求光明的意思。

歇马村

笔筒量米也教子读书

这堂上前后四代人出了近 60 个有影响力的英才。这里我们用心读读《缉熙堂训》，将会得到许多有益的启迪。歇马不歇，不用扬鞭自奋蹄，美德如灯，照耀着族人成才的光明之路。

浓郁的文化氛围涵养着世代增益的美好家风，举人村历代人才辈出，是歇马人追求育人环境创设的必然回报。那一串珍珠般的举人村故事，揭开了"人杰地灵之奥秘"。

家教最美的灵魂——笔筒量米也教子读书

相传南宋时代，皇室的一个妃子胡氏，因后宫内争而逃离京城。路上历经坎坷，几成乞丐，后来被一个好心的商人搭救。胡氏怕朝廷追杀，不敢回自己的家乡，就跟着商人来到南雄珠玑巷。

后来皇上打听到胡氏的下落，以为是珠玑巷的人蓄谋拐骗了胡氏，于是发兵南下，大举围剿珠玑巷。大军压境，珠玑巷的人们四散逃难。梁抚民公带着全家人，也在逃难的人群中。不料在途中与兄弟爱民失散了，抚民公痛不欲生。

抚民公，就是歇马梁姓第 74 代先祖，他育有四子：永保、永安、永寿和永定。当时孩子们还很小，抚民公带着全家人到处流浪乞讨，后来，在现在广州附近的一个小山村安顿了下来。

夫妻俩以养鸭为生，起早贪黑，辛勤劳作，生活仍然十分艰难。因为家境贫寒，四个孩子都没有读书，平时帮着父母照看鸭子，做些家务。虽然当时村里有私塾，但是读书的孩子是很少的。后来日子渐渐好过些了，抚民公觉得读书没有什么用，也没有把孩子们送去读书。

有一天，抚民公把自己的鸭群赶到集市卖了，用赚来的钱买了粮食，还买了一些布匹给孩子们做新衣服。

村里有个平时好吃懒做的人，看到抚民公养鸭赚了钱，便动了贪心。他来到抚民公家，装出很可怜的样子，说家中老母亲生病，因无钱医治，已经快不行了，向抚民公借钱。抚民公一向心地善良，又乐于助人，于是就把卖鸭挣的钱全借给了他。那人再三感谢，表示到年底一定归还，还装模作样地写了借条交给抚民公。

但是到了年底，并不见借钱的人上门还钱。抚民公又等了好几天，还不见其踪影，于是便拿着借条上门讨债去了。

到了借钱人家里，那人不怀好意地笑了，说："到年底了，你是来还钱的吧，我正等着用呢。"抚民公很吃惊，把口袋的借条拿出来，说："是你借了我的钱，你应该还钱给我啊！"那人接过借条，说借钱的不是自己，而是抚民公，两个人争执起来，于是请来乡邻评理，大家一看，那借条上分明写的是抚民公借人家的钱，还按了手印。不明真相的村民纷纷指责抚民公不讲信用，借钱不还。借钱的人还鼓动几个"主持公道"的村民，到抚民公家中，逼着抚公民按照借条上的数目还钱，抚民公百口莫辩，只好把一年到头辛苦养鸭的钱"还"给了这个心狠手毒的"债主"。

借钱人拿了钱，扬长而去，抚民公捶手顿足，痛哭流涕，深感自己对不起妻儿。妻子也很难过，说抚民公太相信人了，自己不识字，为什么当时不找识字的人看看呢？抚民公顿悟，他明白这件事的根源在于自己不识字，没文化，才会被人骗。于是，他把四个孩子叫到身边，郑重地说："孩子们，从今以后，你们不要放鸭了。不管以后家里再穷，就是穷到用笔筒

歇马祖训：笔筒量米也教子读书

量米做饭，我也要供你们读书识字！"

抚民公把四个孩子全部送进了私塾，平时一家人省吃俭用，无论家里多么清贫，抚民公也没有让孩子们中断学习。功夫不负有心人，四个懂事的孩子，个个都立下远大志向，誓言光耀门楣，因而勤奋好学，并最终读书成才，长子永保还高中进士，一时光耀门庭。

"笔筒量米也教子读书"也成为梁家祖训，世代相传。

"笔筒量米也教子读书"的意思是，尽管家里穷到用小小的笔筒量米做饭，节衣缩食也要教子读书成才。歇马人这个祖训具体体现了中华民族的传统美德。它有两层意义，一是人不能人穷志短，无论贫贱或处于什么逆境，都要胸怀大志，自强不息；二是人不读书就不能上进，就是愚昧的，没出息。望子成"龙"更要教子成"龙"，做父母的千方百计为孩子创造读书修身的条件，做儿女的，报答父母最好的方式就是读书成才，光宗耀祖，报效祖国。几百年来歇马人英才辈出离不开祖祖辈辈所形成的崇尚读书的风气，在这种良好的风气熏陶下，人就会胸怀大志，为追求崇高的理想而奋斗。

寄名立德，阐释育人要义

从前，歇马村有个文武双全的人，名字叫赞钊。他是江翁第十二代孙，自小品德高尚，娶妻生5子，5子生12孙。赞钊公为儿孙取名的故事很有趣，他有5个孩子，从大到小分别取名为毓仁、毓义、毓刚、毓强、毓禄。

赞钊公还一心想有12个孙子，并早已为他们想好了名字：德温、德良、德恭、德俭、德诗、德礼、德传、德家、德孝、德友、德文、德章。给后辈们起名都以立"德"为先，要求他们传承中华民族的传统美德：温良恭俭，诗礼传家。儿孙们没有辜负赞钊公的期望，人人知书达理，读书成才。

赞钊公为儿孙寄名立德，把中华民族的传统美德的内涵凝聚在儿孙的名字上，祈愿他们追求完美的道德人生，这也是一种德育方式，可见用心至诚，让人钦佩。

"鸭嫲佬"感悟美德成就知礼人家

歇马开族祖先梁江在歇马立村之后，世代以养鸭为生，人称"鸭嫲佬"，家境十分贫寒，且四代单传。到了第五代，其曾孙梁胜镇成家几年后仍未生子，夫妇俩生怕断了梁家香火，非常忧虑。

有一天，村里来了一位老人，挂着一根拐杖，衣衫褴褛，因过度饥饿加上劳累，已经快走不动了。梁胜镇隔壁有一间破得几乎无法住人的茅草房，老人到了这里，再也无力往前走了，看到这间破草房，就卧在里面休息。

快到中午的时候，梁胜镇的妻子开门出来，看到瑟瑟发抖的老人，老人看起来饿得都快不行了，便请老人进家来，准备做饭给他吃。老人问："家中还有何人？"梁妻说："没有他人，只有我一个。"老人说："那

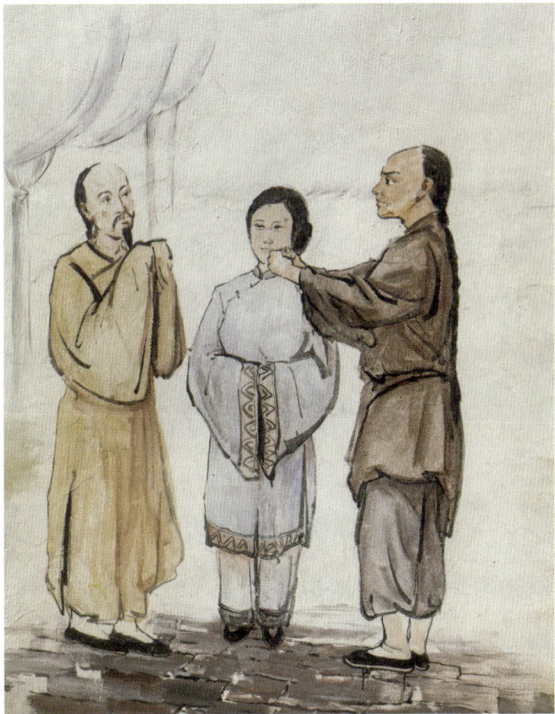

梁胜镇以礼待客

我就在门外等吧。"到了中午，胜镇放鸭回来，见老人坐在门外，便问缘由，老人说是乞食的。梁胜镇回到家中，说了妻子一顿，认为她明明知道门外有人乞讨都不分食，这是无礼的行为，并恭敬地请老人进来。老人对胜镇说，不能责怪他人，是我不方便进来。我刚到贵地，不能无礼，我是在等你回来啊。

听老人这么说，胜镇对他更加尊重，马上吩咐妻子杀只肥鸭子来招待老人，妻子却想杀一只跛脚的鸭子。老人看他们低声争执，就问缘由。胜镇说："您是贵客，我说要杀一只肥鸭子来招待您，但是，她却要杀一只跛脚的鸭子。这样怎么是招待客人的礼节呢？"妻子听了很惭愧，还是顺从了丈夫，杀了一只肥鸭子。老人感动得热泪盈眶，说："我只是一个不速之客，落魄到如此境地，你们居然把我当成贵客一样招待。我是一个风水先生，也是一个郎中，走过很多地方，却很少见到像你们这样知礼的人家。你们有什么心愿或者难处，告诉我，我一定会尽力帮你们达成心愿。"

夫妇俩听了，就说出了成家多年尚未生育的心事。老人根据他们的情况为他们开了药方，夫妇俩依照老人的嘱咐服药一段时间后，梁妻就怀上了孩子。并且以后，每年添一子，从此改变了几代单传的命运。

老人后来成了胜镇家的好邻居，但他再也没过来乞讨，而是自己开荒种地，有时也帮人看看风水。老人一生独身，只养了一群狗。

一天，孩子从外面玩耍回来，满心欢喜地抱回一只小狗。妈妈知道后，严肃地批评了孩子，告诉他不可以把人家的小狗随便抱回家，并带着孩子抱着小狗，来到老人家中道歉。

老人赞赏母亲的行为，笑呵呵地对孩子说："你看，这些狗，因为我从小就训练它们，所以它们都很懂事，有很好的习惯。如果不训练，那一定是有野性的，没有规矩的。动物要从小开始训练，做人也是一样，三岁定一百啊，要想长大有作为，就要从小养成知礼的好习惯。"

后来，胜镇夫妇一共育有十子，他们对孩子从小就进行道德教育，并且秉承"笔筒量米也教子读书"的祖训，送他们去读书，教育他们要尊重老师，孝顺父母，兄弟友爱，对人要知礼，他们后来个个成才。

很有趣，歇马族人开枝散叶，繁衍十房子孙，造就了日后的功名之乡，不是从"利"开始而是从"礼"开始的。这个故事启发了我们，在社会交往中，品德高尚的人，不因陌生而无礼，不因贫贱而无礼，不因职业差别而无礼，不因官位高低而无礼。以礼相待，是很自然的事情。有礼的人，容易得到别人的理解和帮助；无礼的人，会遭人鄙视。礼节礼貌的养成，要从小做起，形成习惯，有益终生。

开笔礼，至高无上的人生启迪

从前，歇马村孔圣坛旁边有个教子台，开笔堂就在附近，家中有孩子长大要入学读书，家长和老师就会带着孩子来到孔圣坛拜过万世师表孔子，再到开笔堂，经由老师给学生眉宇点朱砂，虔诚执笔拜师，视为开笔读书，再到教子台接受家长和老师的训诫，保证好好读书成才。

中国古人有四大礼，其中开笔礼是人生第一大礼。

歇马村教子台

歇马村至今仍然秉承这个传统。村中孩童到了适学年龄，就由村中饱学之士为其举行开笔礼，过程隆重，一共有12项程序，其中重要的一个环节就是拜孔子。孔子是我国伟大的思想家、教育家和政治家，他创造的儒家学说对中国产生了巨大而深远的影响。歇马人把孔子像摆放在这里是有深意的，孔子像摆放的位置，正是朱雀位所在。朱雀是南方保护神，主管文运和财运，以前皇帝书房案头的文昌位就是朱雀所在，皇帝的玉玺就摆放在那个位置上。因此歇马儿童开笔或考试前是一定要来这里拜孔子的。开笔礼，成了歇马人至高无上的人生启迪。

富不忘桑梓，梁启常无愧"绅士"荣誉

梁启常

梁启常，生于清同治十二年（1873年），在父母的教导下，他从小知书识礼，品德高尚。长大后到香港、澳门等地谋生。

年轻时期的梁启常胸怀大志，虽然在社会底层谋生，但是他坚持在夜里刻苦学习英语及各种知识。他性格开朗，思维敏捷，又勤奋好学，深受大家赞赏。他的才能和好学精神使他渐渐地在生意场上崭露

头角。有了最初的资本积累后，他高瞻远瞩，开始经营地产等多项产业，并独资开设顺成银号，财源广进。随后，他在澳门投资设厂，被授予"绅士"荣衔。

梁启常发迹后热心家乡公益事业，一生乐善好施，富不忘桑梓。他经常回到养育自己的故里，慷慨解囊，体恤贫苦乡邻。对那些孤寡老人更是特别关照关照。梁启常为贫寒孤苦的亡者无偿捐赠棺木，并常常给死者家属以资助，助他们渡过难关。

梁启常又捐出银圆 10 万元，为恩平县（当时称恩平县，现为恩平市）完纳积欠的省赋，因此，大元帅府奖给其四级"嘉禾章"，以资鼓励。

民国八年（1919 年），歇马兴学，创办了崇本小学。梁启常大力支持，每年捐赠学校许多白银，作为办学经费，并托其胞弟梁启创主理其事。1920 年，他又在歇马村独资创办了"毓献小学"。牛路塘村距歇马约 3 公里，儿童苦于求学无门，梁启常知道后，很快在该村独资捐办"念慈小学"，让学生免费入学，并负责学校的各项办学经费。1920 年，他捐助恩平县立中学经费白银一万两，让贫困学生得以免学费读书。

梁启常乐善为怀，乡人无不拍手称颂。还有很多歇马人都以他为榜样，发家致富后关心家乡教育，热心家乡公益事业，用自己的拳拳之心回报家乡，报效祖国。中华民族的优良传统在他们身上得到了充分的体现，并且世代相传。

梁启常从小知书识礼、胸怀大志、发愤图强，事业有成后，不忘乐善为怀、捐资办学、抚恤贫孤，这种高尚的品德就是义。重义的人，一定能得利及人，为社会、为国家多做好事善事是他的自觉行动。重义的人做好事不图回报，一生不辍。

置田千顷仓廪实，梁羽丰不贪一粟

歇马自立村到明朝中叶，经过十几代人的努力，渐渐积累了大量谷物钱财，族人的生活逐渐富足。他们以先祖的名义添置田产，积累财富，称为"祖尝"，也叫"公尝"。大家推举德高望重、正直廉洁的族人组成互助年会，建立科学的财务制度，严格管理"公尝"的使用。

清乾隆年间，梁羽丰是个理财高手。他在管理"公尝"期间，在全县范围为族人购置不少荒地，可谓置田千顷，每年收稻谷租逾万石（五千司担）。仓廪殷实，村中孤寡老人得到体恤，贫苦家庭得到了帮助，村民安居乐业。

歇马人发家致富后更加重视教育，大办私塾书院，如村上的励志园、缉熙堂、咸升书社、广州仙湖路的雁坡书院，一时名扬四方。为了兴办教育，

梁羽丰

梁羽丰从公尝中拨出大量谷物钱财，完善"学谷制"，用来供应族人子弟读书。凡是学业有成者都可以得到"公尝"支持。考得秀才每年奖励学谷 12 箩，考中举人奖励 24 箩，终生享用。这是歇马人办学的创举，有力地促进了村中教育的发展。因而村上人才辈出，远近闻名。

梁羽丰对生活的要求很低，对做人的道德要求却很高。他平时过着简朴的生活，每天都是粗茶淡饭，从不奢侈浪费。他的人生信条是："不求金玉重重贵，但愿子孙个个贤。"对子孙要求很严格，立下规矩，要求家族不管富或贫，世代都要耕种土地，不建豪宅，不请仆人。

在弥留之际，他把村中的老人和自己的儿孙叫到床前，然后让妻子捧出一个箱子，大家以为他有很多金银财宝留给子孙。可是当打开箱子的时候，大家看到的是一沓厚厚的账簿。梁羽丰指着账簿一字一句地说："这是我们的祖尝，一分一毫一斤一两，清清楚楚，希望你们继续把它管理好，为乡民造福。"此刻，大家对梁羽丰肃然起敬。

梁羽丰一生为提高村民生活水平，为发展村中的教育作出了很大的贡献。所有的祖尝物业都由他亲手管理，但他从来都公私分明，不贪污公尝一毫半厘，不乱花公尝的一分钱。梁羽丰死后也没有给儿孙私留一点财物，人们对他非常敬重，盛赞他是个为族人置田千顷不贪一粟的好当家。

梁羽丰一生用尽自己的聪明才智，为村民置田操业，克勤克俭，管好祖业，临终前，他交出的账本，毫厘不爽，没有利用职权之便为儿孙私留一点财物，堪为清廉之楷模。人活在这世上，要靠自己的智慧和勤劳的双手去创造财富。君子爱财取之有道，而不是把别人的和社会的财富无耻地据为己有。人，要从小养成不贪小便宜的良好习惯，长大后自觉用道德鞭策自己，用法律约束自己，这样就能干净干事，为国为民。

清正廉明是歇马家风一个突出的特点。据《歇马史志》记载，梁君杖以下4代共111名男性中有77人考取功名并任官职于朝廷，清廉为官，其中梁日霭、梁元桂、梁云桥更是当中的代表人物。当地至今仍传颂着梁君杖家族一门四代出廉官的佳话。

子为父娶传佳话，严格治家家和睦

乾隆年间，歇马人梁君杖公曾任连州直隶州训导。他为官清正廉洁，政绩斐然，在村里德高望重。他共有11个儿子，大半考取功名。

其三子日彻，乾隆辛丑科考进国子监读书，后曾在多处出任官职。君杖公古稀丧妻，日彻觉得父亲身边无人贴身照顾，为尽孝道，他在省城为父觅得良家女子林氏。林氏时年三十多岁，感君杖公品德高尚，见其虽七十有余，但仍精神矍铄，身体健康，子孙满堂，于是愿意与其成亲。婚后夫妻相敬如宾。大家都尊称林氏为"太夫人"。

君杖公第十一子日毅，平时对父亲十分孝顺，因此对林氏太夫人也十分尊重。他的妻子冯氏勤勉持家，非常能干，在众妯娌中，很有人缘。妯娌间有什么事情都找她商量。林氏来了以后，大家见她虽然年轻，却温顺贤良，治家有方，处事公道，对各房子媳都很友善，大家有事就找林氏商量，而很少找冯氏商量了。冯氏心中很不服气，但是迫于林氏是长辈，平时敢怒而不敢言。林氏感觉到冯氏的不满情绪，并不以为意，反而，有事经常来找冯氏商量。

有一天，林氏又来找冯氏。冯氏远远看到林氏走来，却故意退回家中，估计林氏快到家门口了，就拿起一把扫帚，满院子追打一只母鸡："你这只盲眼鸡，光吃不下蛋！还到处乱拉，留你有什么用，看我打死你！"林氏正好在这个时候进来，听到冯氏说这话，心里十分不悦。原来林氏左眼有疾，听出十一儿媳指桑骂槐，有意侮辱自己，越想越难过，忍不住悄悄垂泪而去。出门正好遇到日彻，日彻像往常一样，恭敬地向林氏请安。见林氏神色凄然，脸上还挂有泪痕，非常意外，询问缘由。林氏本不想说，日彻再三追问，林氏就把刚才十一儿媳的话告诉了日彻。日彻听了很生气，马上让人把十一弟日毅叫来。

日毅很快过来，见了三哥欠身问道："三哥叫小弟过来，有何吩咐？"日彻二话不说，举起纸扇，照着日毅就打。日毅不敢躲闪，脸上被打得火辣辣的，感觉非常委屈，问道："三哥为何打我？我犯了什么错？"日彻把刚才的事告诉日毅，然后很严肃地对他说："百行孝为先，太夫人虽然年轻，却是长辈，我们都应该尊重她。你妻子今天所为，是对太夫人的不敬！如此不懂规矩，不分尊卑，毫无羞耻之心，是你管教不严！你难辞其咎！不应该打你吗？"日毅摸了摸被打痛的脸，表示一定听从三哥教导，严加管教妻子。

日毅回到家里，责问冯氏，冯氏狡辩，表示只是骂鸡，绝无侮辱婆婆之意。日毅非常生气，对其妻严厉批评，并从孝顺父母的角度对她晓之以理，动之以情。

冯氏终于悔过，十分内疚。于是她亲自杀了一只鸡，炖好鸡汤，恭敬地奉给太夫人，并诚恳地向林氏道歉，表示以后一定尊重并孝顺林氏。林氏听了感到十分欣慰。从此，婆媳之间冰释前嫌，互相谅解，家庭又恢复了往日的和睦融洽。

君杖公共有 11 个儿子，31 个孙子，大多已分家。每当大年三十，各家各户必须等林氏太夫人到来举筷吃过，然后再吃团圆饭，以示对太夫人的孝敬。

子为父娶传佳话，严格治家家和睦。冯氏嫉妒林氏，看起来这件事情并不十分严重，但日彻、日毅兄弟非常重视，认为冯氏不分尊卑，没有羞耻之心，是后辈对长辈的严重不敬，一定要严加管教，于是就有了后来冯氏杀鸡敬林氏，使得家庭和睦的故事。人生在世，要养成知耻之心，知耻不分大小，凡是不利团结，不利社会，为公众所不齿的事情都不要做，你就会变成心灵美丽，行为高尚的人。

那一场"樟脑战争"体现出民族利益高于一切

"丕烈光前代，诒谋启后人"，这副歇马村堂联是对"歇马天之骄子"梁元桂的赞美。

同治年间，梁元桂在任期间，致力开发疆土、发展经济，整肃科举考试制度，培养人才，为保卫祖国作出了很大的贡献。

他常常带兵深入乡村，帮助农民开荒种地，理顺土著居民和客家人的关系，让他们和睦相处，共同开发疆土。

台湾凤山县，由于经济不发达，人们生活水平也相对较低，当地读书识字的人也很少。梁元桂就在凤山县大力兴办学校，鼓励读书人好好读书，考取功名，报效国家。他还不断完善科举考试制度，做到任人唯贤，唯才是举。凤山人林谦恭参加科举考试，一举成名，高中贡生第一名。梁元桂知道后非常高兴，马上登门祝贺，并亲笔写下一个"经元"牌匾，赠送给林谦恭。这件事很快传遍了整个凤山县，从此凤山学风蔚然，人才辈出，成了文人荟萃之地。

1868年，梁元桂发现一些英国不法商人通过海上运输，走私台湾樟脑牟取暴利。英国驻台代理领事吉必勋为了攫取英国在台湾的樟脑贸易权，并不加以制止，还在暗中鼓动。梁元桂非常愤怒，派兵查禁英国人的走私船只。一个叫必麒麟的家伙走私樟脑非常疯狂，一次他用船只装满了樟脑，要偷运出境，

梁元桂

被梁元桂的军队查封了。这件事情激怒了英国侵略者，他们从香港调来了两艘军舰，停泊在高雄附近，企图用武力逼迫梁元桂屈服。为了民族利益，梁元桂马上指挥军队布防，准备抗击入侵的英军。很快，英国侵略军向梁元桂的军队发起攻击，由于敌强我弱，我军伤亡 17 人。梁元桂怒不可遏，立即指挥军队奋起抵抗，爆发了一场"樟脑战争"。

当时的清政府非常腐败，卖国投降，英国侵略者认为清政府软弱可欺，通过各种手段威胁他们签订了丧权辱国的《樟脑条约》，恬不知耻地向清政府索赔 4000 万两白银，并赔偿英国走私船只在海上沉没的损失等，同时梁元桂被腐败无能的清政府革职。樟脑战争虽然以清政府的失败而告终，但中国人民一直没有停止过反抗英国侵略者。

梁元桂在治理台湾期间，为官清正廉明，不徇私情，总是以国家和民族利益为重，尤其体恤百姓疾苦，因此深受民众爱戴。

光绪十二年（1886 年），梁元桂怀着沉重的心情回归故里，送行的队伍长达数十里。梁元桂的大船经过之处，沿途有无数百姓驾着小船，默立两旁，洒泪相送。经过一座桥时，梁元桂的大船无法通过，当地百姓自发地将桥拆掉，让梁元桂通过。

梁元桂把台湾人民送给他的一套石桌、石凳和相思树种子带回了故乡，以寄托对台湾的深切怀念。

现在当人们看到梁元桂的石凳、石桌和那些长在歇马村周围的相思树时，无不为他的勇敢精神和忠于祖国的民族气节所感动。

梁元桂所做的一切都是可歌可泣的。无论整肃科举考试制度、开拓疆土，还是抵抗外国反动教士的传教活动和打击外国势力走私台湾樟脑，都是从国家和民族利益出发。尤其是在当时腐败的清政府卖国投降的形势下，梁元桂大义凛然，英勇无畏，坚决抵抗外国反动势力的入侵，民族气节光照日月，这就是忠。一个人，对祖国、对人民、对自己的民族之忠，往往是在国难当头时体现出来的。然而，在和平的年代，要体现自己的忠心，那就是无论身在何方，说的话，做的事情，一言一行都要体现民族精神，不说不利于祖国和民族的话，不做不利于祖国和民族的事情，民族利益高于一切。时刻记住自己是炎黄子孙，这就是忠。只要人人忠于自己的祖国和民族，就能使祖国和民族日益繁荣昌盛。

举贤克亲，梁元桂手中自有真理

梁元桂，歇马开族祖先江翁第十四代孙，道光二十六年（1846 年）中试举人，咸丰二年（1852 年）恩科进士，同治年间任福建台澎兵备道兼提督学政。梁元桂一生为官清廉，刚正不阿，任人唯贤，不以亲私。他慧眼拔英才，严格管教兄弟的事迹世代为人所乐道。

因偶然机会，他发现一个叫陈望曾的年轻人谈吐不俗，颇有才华，但因穷困潦倒，一日三餐难继，迫于生计，已无法读书深造了。梁元桂怜其才华，给他提供职位。陈望曾上任后感激涕零，一边勤奋工作，一边苦读诗书。光绪元年，陈望曾赴福建乡试，一举考中解元，后任广东按察使。陈望曾为官多年，也像梁元桂一样是一个清正廉洁的好官。如果不是梁元桂求贤若渴，有心栽培，陈望曾恐怕一生寂寂无闻，埋没乡间了。

梁元桂教导其堂弟梁世黻，也是费尽心思，用心良苦。世黻出身于官宦之家，父亲日彻公是梁元桂三伯，曾任云南禄劝县知县，长兄世煌是道光十七年（1837 年）乡试举人。世黻思维敏捷，语多精辟，有"鬼才"之称。他虽有才华，但不思进取，常混迹于酒肆茶馆，高吟俯咏，饮酒作乐。梁元桂觉得其才不可弃，经常规劝他，并让他担任台湾誊录之职，协助评卷。所谓誊录，就是将各县考生原试卷另行誊清呈学政审阅，这是朝廷为防止考生在原试卷打暗号作弊的一种制度。梁元桂怕世黻旧"病"复发，在酒桌上失节，给人可乘之机，有玷声誉，乃时时对其谆谆教诲，每每让其伴随左右，言传身教，世黻渐渐改变其以前的陋习，工作勤勉谨慎，极少出纰漏。

从梁元桂举贤克亲这个故事，我们可以看出他是一个品德高尚的人。他升华了"孝悌"的内涵，做到任人唯贤而不任人唯亲，手中自有真理。任人唯贤的人能正确处理身边的许多矛盾，处理好朋友和同事的各种关系。不感情用事，理性处世，亲友有缺点毫不留情面，敢于批评指正，别人有才华，品德高尚就要提拔重用。因为我们所做的一切都是为了社会的和谐与进步，而不是为了自己和亲友的利益。

中国是我的故乡，我很熟悉她，哪里都能飞得到

翱翔天空，心系祖国。梁汉一，出生于美国加利福尼亚州，

祖籍广东恩平歇马村。其父梁道安于民国初年赴美谋生,经营一家餐馆。梁道安育有两子,长子汉一、次子汉杰。梁道安这样给儿子起名,是为了让儿子永远记住不要忘记自己的祖国,不要忘记自己是中国人。

梁汉一在父亲的影响下,从小就热爱祖国,刻苦学习。青年时代适逢日军侵华,梁汉一看到祖国在日本侵略者的铁蹄下被踩踏,无数同胞被杀害,异常愤怒,毅然参加支援中国抗日的志愿军,并积极开展抗日救国运动。

19 岁的梁汉一被派到美国空军学校学习飞行,学成后被选派到陈纳德麾下的飞虎队(即第 14 航空队)任飞行员。1941 年,梁汉一随飞虎队回国参加抗战,驻扎昆明。飞虎队在当年 12 月 12 日和 23 日两天,共击落日军战斗机 9 架、轰炸机 15 架。梁汉一作战英勇,功勋显赫,由一名普通的飞行员晋升为空军中尉。激烈的战斗中他一直没有忘记,回国前父亲再三嘱咐他回家乡看看的嘱托。但因战事频繁,一直无暇回乡。他思乡深切,利用休息间隙,照着地图上标示的位置,驾机飞临恩平上空,以慰思乡之情。

1944 年 9 月,身为美国空军上尉的梁汉一在延安受到毛泽东同志的第一次接见。时隔 28 年后,1972 年 2 月,为实现中美建交,梁汉一驾驶美国空军 1 号飞机,载着尼克松总统及其随行人员飞抵上海,周恩来总理亲自到上海迎接。当总统座机将要离开上海飞往北京时,梁汉一被询问是否需要派中国领航员导航,梁汉一满怀信心地回答:"中国是我的故乡,我很熟悉她,哪里都能飞得到!"梁汉一在北京逗留期间,毛主席第二次接见了他。

梁汉一十分思念家乡,但一直未能成行,尤其是在他父亲去世后,他和家乡的亲人也失去了联系。为此,梁汉一深感苦恼。1984 年几经周折,他终于获悉他的堂弟梁汉明在香港。梁汉一随即飞赴香港，兄弟相见，悲喜交加！两位古稀老人虽然是第一次相见，但竟然能用恩平话交谈问候，让随行人员唏嘘不已。

1986 年梁汉一退休后，思乡之情更加浓烈，经过几番努力，终于在 1987 年 12 月 28 日回到了

梁汉一

思念一生的故乡——广东恩平歇马村。他受到当地各级政府及乡亲们的热烈欢迎和盛情接待。这位翱翔天空却心系祖国的游子，终于圆了赤子思乡之梦！

梁汉一出生在美国，是美国的空军军官。虽然他身穿洋装，生活在异国他乡，但血管里流淌的是中华民族的血，他那颗热爱祖国和民族的心始终没有变。

"只为圣贤，不为科第"，梁佐被尊为"梁公"

梁佐，乡亲们都尊称他为"梁公"。2006 年，他荣获广东省"爱国守法诚信知礼十大杰出人物"称号，梁佐当之无愧。这一年，他已是 92 岁高龄。

梁公一生十分传奇，感人故事很多，让人敬佩。

年轻时代，他立志从军报国，于是去参加黄埔军校考试。因为从小家境贫寒，他读书很少，所以当他拿到试卷，写上自己的名字后，发现一道题目都不会做。别人都在答题，只有梁公端坐着，一字不写，也不离开考场。考官很奇怪，问他怎么不答题，他很认真地回答："我不懂，不会做。"他的态度让考官很动容。整个过程，梁公目不斜视，坐得端正，直至考试结束。

交了白卷，梁公明白自己肯定是考不上了。谁知他竟然意外接到了录取通知书。后来考官告诉他，之所以录取他，是因为他在考场上的表现，考官认为，知识的不足可以通过学习来弥补，但是这种正直诚实的优秀品质是难能可贵的，这才是一个考生最优秀的答卷，相信他一定能成为一名出色的军人。

梁公老年落叶归根，从香港回到故乡恩平歇马村。他一心扑在家乡公益事业上，变卖了自己在香港的房产，用来为家乡父老乡亲造福。他不断地往来于香港等地，为家乡建设筹集款项，但活动经费都是自己出。大家为他的精神所感动，纷纷慷慨解囊。一次，有人把一笔巨款通过梁公捐给家乡，然后另外给梁公2000元，说是送给梁公个人的。梁公坚决不收，说如果是捐给家乡建设的，多多益善，如果是给我就不必了，我一生做事讲诚信，只有这样才能问心无愧。他公私分明的态度，让大家非常尊敬他。

梁公承诺的事情，无论大小都记在心里，从不食言。有一次，有个年轻的记者采访他时，梁公说下次从香港回来，要送给记者一支钢笔，并真诚地鼓励他用笔写出好新闻。

两年多的时间过去了，记者早就把这件小事忘记了，但是梁公却一直记在心里。再次见面时，梁公乐呵呵地从口袋中掏出一支金光闪闪的钢笔递给记者，说："这支钢笔在我的口袋已经插了一年多，一直就等着送给你啊。"这位记者非常感动，郑重地接过这支笔。真是礼轻情意重，一诺值千金啊！

梁公一生都活得堂堂正正，顶天立地，为父老乡亲做了许许多多善事，所以人们敬重他。梁公是一个具有人格魅力的人。我们从小事中不难看出他的高风亮

梁佐

节。参加考试，不懂就是不懂，绝不作弊，真的是"只为圣贤，不为科第"；承诺别人的，哪怕是送人一支钢笔的小事，也说到做到。人的道德情操和人格魅力，往往体现在一些生活细节上。"勿以恶小而为之，勿以善小而不为"，梁公就是这样的人。他一诺千金，正直忠诚，信誉第一，永远是我们学习的榜样。

祖德源流远，春思雨露深，梁绍卖车孝母

梁绍公，歇马人第64世祖先。他生于南雄珠玑巷，为人敦厚，品德高尚，尊崇儒家道德传统。年轻时他曾立下誓言，不求荣华富贵，但求能造福百姓。梁绍长得高大魁梧，待人谦逊有礼，时时处处和颜悦色，尤其对父母极尽孝道，成为族人的楷模。

父亲病重时，为了给父亲看病，梁绍几乎用尽了家中所有的积蓄。父亲去世后，家中已一贫如洗。虽然夫妻俩起早贪黑，节衣缩食，但日子仍然过得紧巴巴的。为了让年迈的母亲生活幸福，衣食无忧，梁绍从来不让母亲操持家事，总是把最好的东西给母亲享用。他常常买回最好的鱼肉，做成美味饭菜，端到母亲跟前。

夫妻俩却背着母亲吃野菜粗粮。尽管日子越发艰难，但是为了不让母亲担心，他们从不在母亲的面前叫苦。母亲知道儿子、媳妇一片孝心，对他们寄予厚望，鼓励梁绍认真读书，将来考取功名，光宗耀祖。

虽然生活清苦，但是梁绍依然坚持焚膏继晷，刻苦读书。梁绍家有一辆马车，是梁绍的心爱之物。考期将近，路途遥遥，梁绍本打算乘着这辆马车去京城赶考，常常把马车擦得很亮。

一天，梁绍发现妻子端到母亲房中的饭菜，只有青菜豆腐，十分不悦，询问妻子缘由。妻子为难地说："家中实在没有钱为母亲做更好一点的饭菜了。就是青菜豆腐，也维持不了多久了。"梁绍听了，久久地沉默着，心里很难过。

第二天，梁绍开始收拾行装，准备进京赴考，并交给妻子一笔钱，嘱咐妻子在家一定要好好孝敬母亲。妻子十分奇怪，问他为什么赶考要这么早启程呢？这些钱又是从哪里来的？梁绍说他把马车卖了，只能步行赴考，因此要早走。妻子虽然心疼丈夫，但是也知道丈夫是出于孝心，于是含泪答应梁绍，一定会在家好好孝顺母亲，让他放心去应试。

梁绍走后，母亲知道儿子为了自己，把马车都卖掉了，心中既骄傲又难过。邻居们知道梁绍夫妻如此孝顺母亲，也非常感动，纷纷解囊相助。

不久，梁绍登科及第，考中进士，回到家中。

从此母亲得以安享晚年。母亲临终前，把儿子叫到床前，拉着他的手，含泪说："孩子，母亲终于盼到你有了出头之日，我虽死无憾啊。"

母亲死后，梁绍夫妻十分悲痛，他们在母亲坟前种上松柏，表达对母亲的敬重和怀念。梁绍卖车孝母的故事也流传了下来。

梁绍卖车孝母，这个故事感人肺腑。孝，就是子女以恭敬的心，侍奉父母，使父母衣食无缺，心宽体康。同时，自己做人做事要品行端正，不给父母牵累，不让父母操心。父母有了错，也要婉转指正，这才称得上孝。我们的生命是父母给的，我们长大后建功立业也离不开父母的辛劳。人的一生，无论成败得失都要懂得感恩。"羊有跪乳之恩，鸦有反哺之义""受人滴水之恩，当以涌泉相报"，梁绍就是这样的人。只有懂得孝敬父母的人，只有懂得感恩的人，才是值得被欣赏和爱戴的，这是做人最起码的要求。

梁绍孝母

一口水、一口饭，一匙汤、一匙药，翻身捶背，端屎倒尿为慈母

歇马人梁开第，自幼勤奋好学，是个文武双全的奇才。据说，乾隆三十年（1765年）乙酉科，梁开第首次赴省城应试。在考场上，他镇静自若，武艺超群，十八般兵器，件件皆能。大家都以为这科武解元非梁开第莫属。

在同科应试者中有一人，论武功，比梁开第稍逊，论年纪，比梁开第年长几岁。主考官有怜才之心，对开第讲，你们两个难分伯仲，但他因年长，恐怕下科不能应考了，你还年轻，这科点他解元，下科你再来，定能高中！开第朗朗一笑，毫无怨言，主考官称赞他的品行高尚。

三年后，到了乾隆戊子科（1768年）。眼看乡试科期将近，梁开第踌躇满志，准备这次一举夺魁。但是母亲突然病重，母亲知道儿子考试在即，一再催他前往省城应试。但是，从小就十分孝顺母亲的梁开第，在这种情况下，是绝对不肯放下病重的母亲去考试的。他心急如焚，遍访名医，希望能尽快把母亲的病治好。医生开了药方，梁开第为母亲抓药煎药，并且亲自端到母亲床前，一口一口细心地喂母亲服药。

尽管开第每天衣不解带地守候着母亲，为母亲翻身捶背，端屎倒尿，但是母亲的病情还是日益加重。母亲在弥留之际，含着眼泪说："孩子，母亲拖累你了！我走后，你要更加用功读书，刻苦练武，将来定有出息。"开第哽咽着表示，一定谨记母亲的教诲。母亲撒手而去，开第悲痛欲绝。料理完母亲的后事，开第为母亲守孝三年。每天闻鸡起舞，学文习武，从未间断。

又是三年后，乾隆辛卯科（1771年），开第第二次赴省城应试，这次考试和第一次考试整整相隔了6年。经过6年的磨炼，梁开第更加成熟稳重。考场上，他挥舞那重120斤的关刀，似不费吹灰之力，让人眼花缭乱，非凡的武艺让考官们频频点头。

不料关刀突然脱手，即将堕地！平时练武偶然失手，对于练武之人，也是常有的事，但这是在考场之上，一点失误就会导致功亏一篑。在这紧要关头，开第凭借丰富的经验以及敏捷的身手，一脚飞出，用尽生平之力，将关刀腾空踢起丈余，然后伸手接住，继续考试，仿佛刚才的失手只是一个练武中的动作而已。

考试结束，主考官问他，平时练武，会不会发生这样的事？今天的事，是奇事还是常事？开第笑笑，镇定自若地答："是奇事，也是常事。"主考官点头微笑，遂点其为辛卯科武解元。

权衡功名利禄和感恩父母，谁轻谁重，梁开第选择了后者。他在考取功名的关键时刻，却毅然留在病重的老母亲身旁。为了照顾卧病不起的母亲，他毫无怨言地为老人家翻身捶背，端屎倒尿，总是一口水、一口饭，一匙汤、一匙药地细心照料着，这是一个孩子对母亲的拳拳之爱。之后他一举中第，夺得武魁功名，光宗耀祖，受人敬重。

唇亡齿知寒，重悌书大义，兄友弟恭振韬祖

清初，恩平县天灾人祸不断，盗贼蜂起，村民流离失所，不可胜数。政府粮务繁重，凡衙内的一切开销，都取自于民。百姓苦不堪言。政府规定各户都要设一名粮长，征粮缴税。

振谋和振韬兄弟俩自小和睦相爱。振谋从小就有气喘病，身体十分羸弱，很少出门，振韬为了照顾兄长，把家里的苦活、重活全部承担下来，从无怨言。

有一年轮到振谋当粮长，振谋身体不好，力不从心。振韬看到兄长为难，于是就主动替哥哥去征粮。百姓已经不堪重负，家家户户都拿不出粮食。因为征不到粮食，许多粮长被囚禁起来，振韬也不能幸免，被关进牢房。

很多粮长被酷刑逼死了，活下来的也很凄惨，振韬认为自己

必死无疑，于是就把发髻割下托人送还家中，以示无生还之意，全家抱头痛哭。因振韬是替兄征粮，差役可怜他，没有对他用酷刑，将他暂时锁押班房。

到了除夕之夜，振谋买通衙役头目，希望他们能放过振韬。并带去很多好酒好菜送给看守衙役。衙役们大吃大喝起来。到了后半夜，衙役们全都喝得酩酊大醉，一个个熟睡如死猪。于是，差役头目悄悄地打开监牢的门，放出振韬，兄弟二人星夜逃回家中。后来，差役头目谎称振韬病死牢中，官府居然也没有追究。

兄友弟恭

振韬、振谋的孩子们长大后，深受父辈的影响。他们如同亲兄弟一般，相互提携，共同兴家立业。兄言弟诺，从来没有失和。且大家从不为钱银和其他小利斤斤计较。

振韬的孙子君树长大成人，但家里很穷，不敢提起婚事。振谋之子得知此事，愿意将自己的部分田产卖掉，为侄子操办婚事。振韬之子非常感激，并没有卖掉堂兄的田产，而是用来出租，用得来的租金替儿子成亲。儿子成家立业后，又将田产和租金一并归还振谋之子。

振韬子孙三代同堂，他们兄弟邻里之间相亲和睦相友相持，家和万事兴，成为族人的榜样，代代相传。

这是歇马人的一个家训故事，感人至深。振谋、振韬兄弟情同手足，当哥哥遇难的时候，弟弟挺身而出，几死牢狱，毫无怨言，令人钦佩。后辈以他们为楷模，世代相传，美德形成家风，流芳百世。这里的"悌"，就是敬重长辈，兄弟友爱。它有三层意思：第一层是兄弟姐妹之间和睦相处，第二层是夫妻之间相亲相爱，第三层是朋友之间互敬互重。

智者重仁德，处事敏而睿，振仕婆智护家声

歇马村有个习俗世代流传，每年正月初九傍晚，全村的男子，无论老幼一边鸣放鞭炮一边抬着神轿，到庙里把菩萨接回灯寮供奉，以保佑全村平安和孩子好好读书，场面非常热闹。这习俗，说起来还有一个动人的故事。康熙年间，村里有个心地善良、足智多谋的妇女，大家对她非常敬重，尊称她为振仕婆。她的丈夫梁振仕从戎在外，振仕婆把家中料理得很好，满门和睦。一天深夜，她躺在床上辗转反侧，总是睡不着，老惦记着丈夫。忽然，门外响起了一阵凄凉的马鸣声，振仕婆带着家人到外面一看，原来是丈夫的战马回来了，还满身血污，家人知道出事了。那战马很焦急，见到家人便往回走，大家赶忙跟着战马跑去。到了一个偏僻的森林，振仕婆发现路旁有一堆血衣，一看，果然是丈夫的。大家四处找寻，却不见踪影，只好怀着悲伤的心情回到家中。

那时，振仕婆已身怀六甲，她整天以泪洗面，但想到肚子里的孩子，就暗暗地下决心一定要把孩子生下来，好好地抚养成人，继承父业。不料，伯伯心怀叵测，想霸占振仕的田产，便找借口想赶走振仕婆。振仕婆明白其中的一切，自己势单力薄，更不想因为田产一事破坏祖上的良好家风，伤了族人的和气，只好忍气

吞声。正月初九晚上，她想了个办法，写下字据之后，把丈夫留下的田产地契捆绑在大腿上，用裤子遮住。大清早，她便赶到东华寺拜神，趁无人注意，把田产地契放进菩萨像底下压住。

后来，振仕婆委曲求全，嫁到了不远的塘龙村。不久，她在山上种地的时候，孩子出生在一棵松树旁，家人起名叫他松生。振仕婆苦心教导孩子读书识字，让他知书达理，立志成才。松生懂事后，振仕婆便给他改名为子恩，教导他做人要宽宏大量，要懂得感恩，永远不忘故里。子恩长大后很有出息，振仕婆便把过去的事情一五一十告诉了子恩，并告诫他日后回到家乡，要据理力争把父亲的田产要回来，但不要和乡亲邻里起冲突，一定要和睦相处，维护世代养成的良好家风。

子恩谨记母亲的嘱托，回到东华寺取回田产地契，在乡亲们的帮助下要回了父亲的田产。子恩成家立业后，积累了很多财富，常常为父老乡亲做善事，也为养育过他的塘龙村做了不少事情，深得大家的爱戴，从此，塘龙村跟歇马村的人就像亲戚一样来往。同时大家也觉得，村中有这样的好后生，全因振仕婆深明大义，智护家声和育儿有方。振仕婆仙逝后，族人感其恩德睿智，把她当成菩萨供奉，激励

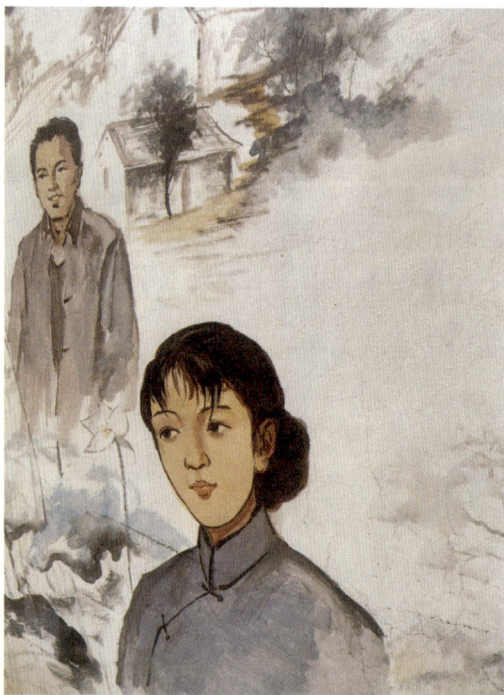

振仕婆智护家声

村中孩子读书成才，此举竟成习俗，世代流传。

　　人在逆境中要怎样生存，怎样保护自己，不但检验了人的才智与能力，还体现了其人格与品德。智者重德，体现着他的智慧、才能和智谋。中国传统道德认为有智慧的人才能明白是非、曲直、邪正、真妄，并由此认识到"仁"的意义，才能去实行"仁德"。当一个人将才智与人格结合起来，不卑不亢，勇于面对现实，战胜困难和逆境时，他便是一个品德高尚的人。振仕婆做到了这一点，在面对个人利益和维护家风尊严的时候，她深刻地思考着，如何让"利"与"义"相统一？结果她巧妙地选择了委曲求全，忍辱负重，最重要的是维护了良好的道德家风，这是难能可贵的。在处理个人利益与家庭矛盾方面，她为人们树立了榜样。

烈女高标胜祖名，柏叶凌霜不改青

　　明朝隆庆年间，政府腐败，横征暴敛，百姓民不聊生，一时盗贼猖獗。歇马村恩平一带属富庶之地，因此，常有外贼侵扰。有一伙外贼经常骚扰歇马村。当时的族长惟现公率领全村壮士多次挫败敌人的进犯，外贼恼羞成怒，扬言定要杀死惟现公，踏平歇马村。

　　于是在一个凌晨，众贼倾巢而出，突然大举进攻歇马村。数百人把歇马村团团围住，朝村里喊话，让村民献上惟现公的人头，否则就血洗歇马村。由于时间紧迫，大家还没有来得及组织起来，老人和孩子也来不及转移。在这危难时刻，惟现公打算自杀来解歇马之围，被众村民坚决阻止，认为这只是贼人的计策，就算惟现公真的献出生命，也救不了歇马村，虎狼改不了吃人的本性。况且惟现公如果有意外，谁来组织众人抗击外贼呢？众人争论不止，一时也想不出什么万全之策，形势越发危急。

　　有人提出，既然贼人扬言要惟现公的命，如果谁能装扮成惟现公的样子，装着离开村庄的样子，贼人一定会去追赶，这样大家就能争取时间，组织起来，老人和孩子也来得及转移出去。那么，到底谁来装扮成惟现公呢？大家都沉默了。就在这时，一个人挤进来，大声说："我来吧！让我来装扮成父亲，引开贼人！"大家一看，是年仅十八、尚未婚嫁的惟现公之女梁胜祖，大家被胜祖的大无畏精神深深感动了，一个个唏嘘不已。惟现公仅有这一个女儿，平时宠爱有加，怎么舍得让她冒此危险，但是为了村民的安危，惟现公只得含泪应承。

于是胜祖穿上父亲的衣服，乔扮成惟现公的样子，骑上父亲的战马，手提长矛向村东飞奔而去！贼首见"惟现公"逃跑了，一声令下，众贼大批人马紧追而去！惟现公强忍悲痛，迅速组织村民，占领有利地形，并及时转移了老人和孩子。歇马村终于保住了。

胜祖策马飞奔，一口气奔出数里。终因寡不敌众，被贼人抓获，贼人这才明白，原来他们追的不是惟现公，而是一个弱女子。此时已经远离歇马村，贼首明白，就是再回去也得不到便宜。胜祖相信村民已经脱险，于是仰天大笑，视死如归，大声痛斥来犯之敌！贼首恼怒至极，穷凶极恶，当场杀害了胜祖，并抛尸井下。

胜祖的英勇就义，感动世人，被赐"烈女"美誉，她也因此成为唯一被记入梁氏族谱的女性。

梁胜祖

后人立碑纪念胜祖。明清以来，歇马村清明节拜祭烈女梁胜祖已成风俗，歇马族人无论海内外，男女老少回到村上虔诚拜祭，场面盛大感人，其舍身救乡亲的英勇事迹永远激励着后人。

勇，就是果断、勇敢。中国的传统道德把"勇"作为施"仁"的条件之一，必须符合"仁、义、礼、智"，才能称其为勇。见义勇为是一种美德。少女梁胜祖，深明大义，面对敌人的进犯，为了乡亲们的安危，不怕牺牲，毅然挺身而出，巧妙地跟敌人战斗，直到献出宝贵的生命，这就是勇。她的高尚品德永远值得人们学习。

中国历史文化名村汇聚传统美德，铸成时代新风尚

歇马家风博大精深，有村史以来，歇马村注重传统美德，世代励志成才。祖训、家训鲜明实用，特色家风感人。歇马村是我国著名的历史文化名村。历代贤人辈出，被誉为举人村。本村历代家风从形式到内容都十分丰富，特别体现出中国传统文化品质，洋溢着传统美德精神。歇马村特别注重读书成才、为家族争光、为国争光，家族成员具有强烈的使命感。古代进士梁元桂官至资政大夫，任台湾知府期间，推崇教育，军事上强力保护祖国宝岛，特别是为防止樟脑走私，与外国侵略者开战，并击败之。后其解甲归田，致力于平定土客之争，为社会稳定作出贡献。在家族教育上，歇马村非常用心，创建励志园，激励年轻一代发奋读书成才，他的名言成了流芳百世的家训。

歇马村将家风建设与开发文旅结合起来，已经有了非常好的探索，有一定的社会影响力，各种场馆布置内容丰富，很有特色。歇马举人村需要继续努力，在家风的建设上更上一层楼，在家风研学上有所创新。歇马人的家风代表恩平传统家风，需要进一步升华创建新时代特色家风内涵。

歇马村梁氏一族自古至今都是当地大姓望族，功名显赫，繁荣昌盛，这与人才的培养密不可分。

望子成龙，不能被浅薄地理解为做官与出人头地，而是成为一个"君子"，一个道德情操高尚的人。"十年树木，百年树人"，培养人是不容易的事情。人类有史以来，一代又一代地解读其中的奥秘，其间苦煞了天下父母和老师。人们多么渴望揭开望子成龙之谜啊，我也常常思考这方面的问题，人世间最有意义和最难的事情莫过于人才的培养。走进歇马村，眼前的人和景物让我感悟良多，甚至有茅塞顿开的感觉。

歇马村金字塔式的人才代际关系

翻阅歇马村的族谱，我发现该村已有近 700 年的历史，在明清时期培育了 670 多位功名人士，近 400 名秀才，拔贡、优贡、附贡、增贡和举人等 280 多人，翰林待诏、进士等 3 人。在明清两朝出了 430 多位大小官员，其中，五品至三品 56 人，二品 6 人，他们分布在全国各个省任职为官。近现代及当代，歇马村同样人才辈出，数百名大学生，分布在海内外，还有硕士生、博士生，有的夫妻同是大学教授。其中，杰出代表是美国空军准将梁汉一、粤剧名旦芳艳芬、当代书法名家梁鼎光、香港商界名人梁煜鎏等。这些歇马精英在科技、文化、商业等领域为国家作出了极大的贡献。从历史的发展过程看，歇马村形成了金字塔式的代际人才关系，"马来珠玑衍万村，歇住南恩蕃十系"。歇马村是名副其实的人才村。如果纵览童试到乡试到会试到殿试这一漫长考试选拔的科举考试制度，我们可以发现随着时间的推移，歇马村的确形成了一个金字塔式的人才结构，他们几乎没有出现"断层"，这确实值得研究。

望子成龙、百年树人有奥秘。的确，历史上歇马村在培养人才方面走出了成功之路，弥足珍贵。我想，无论谁走进歇马村都能得到些启迪。

歇马人对育才环境的完美追求，给了人们许多有益的启迪

环境是造就人才的基本条件，古有孟母三迁，现在的父母为了选择最好的育儿环境，也是苦心孤诣地给孩子找好的学校、好的老师，是同样的道理。

历代文人墨客对歇马的描述极具赞美之词。当年，汤显祖、苏东坡、黄公度从古驿道上经过恩平，都被这里的美丽风光所吸引，留下诗文。乾隆年间，恩平知县进士曾萼为"恩州八景"中的歇马村赋诗描述其神韵："白马注晴川，川流碧如练，水静山不流，神驹朝暮见。"还有其他优美的诗文，如"天马歇江边，一饮成仙境，三嶂叠彩屏，人杰地显灵"，此类赞美歇马"风水"环境的诗篇有很多。走进歇马村便一下沉浸在宁静安逸的境界，被这美丽的环境所吸引。

如果不是耳濡目染，我不会相信，这样的一个乡村，在过去的时光里出现了那么多的私塾学堂，如咸升文社，以及毓献、重义、崇本、荣华书室等，可谓私塾书院林立。

励志园，建于清朝道光年间。当年族人梁日蔼中举得志，官至二品，历经仕途起落，宦海浮沉，深感功名利禄如过眼云烟，长留世间唯学问品德。解甲归田后，梁日蔼为怡情养性沉潜笃学以自勉，亦为启迪后辈而立志，乃择村西锦水河畔辟地营院建馆，取名"励志园"。园林占地 10 多亩（1 亩约为 667 平方米），东壁图书府，西垣翰墨林，恢宏典雅，藏书甚丰，虽是乡间苑囿，却曾经名人荟萃，道光榜眼何冠英曾执教于此。"励志潜修，古人许我，园机在绩，小子慰予""花香不及书香远，世味无如道

味长"，可见励志园当年学风蔚然的情景。励志园曾被毁，后村人在原址部分修复，以秉承先人励志有为的初衷。

据说，没有功名就没有祠堂，过去广东的梁姓村落如果没有功名，但要立祠堂就借用顺德人状元梁耀枢之光立祠，可歇马村曾经有11个祠堂，现在还完好保存7个。这便可以见证歇马村功名之众多。一般祠堂是乡村祭祀、议事的地方，而歇马村的祠堂曾经都是学堂，有的首先是作为学堂然后才能成为祠堂。各祠堂堂训格言琳琅满目，发人深省，催人奋进，可见歇马族人的教育情结，没有教育就没有人才。

歇马族人为明清各个时期的功名人士立碑竖旗，他们修筑的功名路，竖起的八大旗杆和上百块功名碑石，构成了歇马村一道特有的励志成才风景线。在奇特而古老的龙眼树下竖起了两块

励志园励志台

"皇帝敕命碑"，内容都是皇帝对歇马清正廉明官员的嘉奖。其间将功名封赠予父母亲友，并表彰他们育子有方，有的母亲成了"二品夫人"。歇马村人望子成龙，可谓用心良苦。

灯寮，是歇马人新生儿第一次庆生的地方，还有烈女碑、五公园和功

名路等育人环境的情景创设，无不具有丰富的文化内涵，值得我们深入研学。

无论站在歇马村的村场上还是流连在祠堂、功名碑林、教子台，所看到的古代乡村教育环境的遗物和其间洋溢出来的教育氛围，都是对我们现代人的一剂"药用价值"极高的育儿良方。"知识就是力量""知识改变命运"，历史和现实都是如此，歇马人让我感悟颇多。

育人创举"励学制"——歇马人最为丰厚的资产

在歇马的族谱和人们的口碑中可以发现歇马村在培养人才方面确实有着独特的成功之道。歇马村土地不多，祖先以养鸭为生。他们世世代代积累起来的故事透射着中国传统美德的光辉，现在成了我们构建和谐社会不可多得的好教材，显示出歇马人育人的精神内核，它所产生的力量对歇马人才培养产生巨大的推动作用，对我们有着重要的借鉴意义。

歇马"励学制"，被定为非物质文化遗产，是歇马人最为丰厚的资产。其实这"励学制"包括两个方面，一是物质上"学谷"，二是精神上传承。

延续 200 多年的"励学制"是歇马人鼓励学子立志进取、读书求功名而独创的奖学制度。"励学制"的创立与梁体性的大力倡导分不开，是梁家世代相传的"本钱"。

梁体性 1628 年出任湖广辰州府泸溪知县，从政多年，勤政为民，兴水利，减火耗，轻刑罚，革除了朝廷之外的苛捐杂税，宽容待民，深得当地民众拥戴。明末，梁体性眼见明王朝灭亡在即，无心宦海浮沉，辞官回乡后除了把泸溪当地的生产技术带回来外，还大力宣扬读书求功名，倡导乡人重教兴学育人才，第一个在族人中提出实行"学谷"励学制。"励学制"就是由村中太祖（胜镇）公尝拨出，以一次性奖励稻谷的形式支持和激励读书人。民国时期"励学制"继续沿用。规定本村凡初中以上毕业学子，按照当年毕业人数平均分配当年太祖拨出的学谷，奖励名单一律在村中公示。

歇马村"励学制"被称为最美的"乡规民约"，约定俗成，世代成风，是歇马人的创举。它告诉人们，穷不忘育人，富更不忘育人，这是家庭和谐稳定和发展的根本。它激励了一代又一代的乡村孩子发奋读书，努力成才。成功的"励学制"撼动了人们的心，让人明白歇马人世代英才辈出，离不开这种实实在在的激励机制。

走进歇马村，如果认真观察、用心体会，肯定会有颇多感悟，歇马人将对后代的培养看成至高无上的事情且形成风气，世代不变。励学制的建设对人才的培养起着决定性的作用，有太多的经验值得我们借鉴。

祖辈对人生的深刻领悟，通过家训文化灌溉着歇马人的精神家园

歇马人不但注重家训育人，同时注重育人环境的创建，所到之处都洋溢着家风文化。

歇马人的祖训很是朴素简单，但内涵丰富。"笔筒量米也教子读书"告诉我们：穷不读书，穷根难断；富不读书，富不长久；读书起家之本，勤俭治家之本，忠孝传家之本，和顺齐家之本，谨慎保家之本。这些被刻凿在"孔子论语墙"一旁的圆柱上，而另一旁圆柱上的中国古训"修身，齐家，治国，平天下"与之相应，耐人寻味。从"读书识字糊涂始"的修身立品到成为国之栋梁，个人的"一路连科"完成功名追求到为治国，平天下使命必达的人生担当。在漫长的农耕时代，耕读文化定位了一个家庭的

幸福，而这祖训作为父母家长人人都懂，无人不受教育和鞭策激励。要想改变命运，唯有读书成才。

走进歇马村的各个祠堂，人们能从雕梁画栋之中发现有价值的东西，而更吸引人的是那镶嵌在墙上已有几百年历史的祖训，比如乾隆年间的"振韬祖训"，里面描述的一切确实让人感动，那种"弟言兄诺，兄言弟诺，兄弟亲友之间相亲相爱，相友相持，以致和气致祥，家道颐昌"的睦邻人际关系的倡导，言辞精辟，意义深远。还有祠堂里面的对联，那种教导后辈的殷殷之语，无不让人为之动容。开笔礼更是歇马孩子人生的第一大礼，对整个人生有着深刻的影响，显示了社会初始教育的重要性。

不求金玉重重贵，但愿子孙个个贤。歇马祖训、家训并没有追求"黄金屋"和"颜如玉"，追求的都是读书成才。人们知道历史上的歇马人公尝十分富有，但是除了建祠堂外，他还修建学堂书院，如广州的雁坡书院，目的是让参加乡试的莘莘学子有个备考和歇息的地方。的确，歇马村的房子没有几间显眼，不是他们没有钱，而是他们投资教育。他们追求的不是现世安乐窝的物质享受，而是"世代源流远，宗枝叶亦长"。从古到今在族谱里留给人们的是一支长长的成才队伍，那些功名者难以胜数，可是，众多成功者却没有留下华庭深院，没有更多的生活物资，只有代代相传的祖训、家训。

从梁君杖到梁元桂前后四代，可谓英才辈出，官至二品的有56人。梁元桂作为资政大夫、台湾知府，物质上留给后人的也只有一副石桌、石凳，那个秋官第也只有一块象征寒窗苦读的窗花，空空荡荡。而他留下的故事，留下的格言、训词就丰富美好多了。从他题写的家训人们就知道他对族人的用心良苦，特别是为祖父梁君杖祠堂书写的堂匾"缉熙"。"缉熙"出自《诗经·大雅》："穆穆文王，于缉熙敬止。"原为光明、光辉的意思。缉

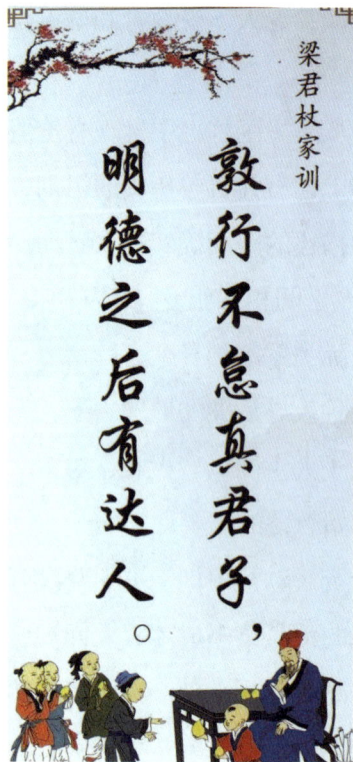

梁君杖家训

熙堂还有许多精美训词，如"明经修德""兄弟友恭"等都源自深厚的中国传统文化。人们不仅知道他学识渊博，也能感受到他对中华民族博大精深的家训文化的深刻理解，而这种理解也是对他人生实践的总结。这是几千年来，中华民族美好家风形成的渊源。

歇马家训、格言随处可见，激励着族人不用扬鞭自奋蹄。

开族祖训：笔筒量米也教子读书。

振韬祖训：书诗世泽，孝友家声。

子彬祖训：兄弟友恭，和睦相处。

君杖祖训：敦行不怠真君子，明德之后有达人。

日蔼祖训：励志潜修，古人许我，园机在绩，小子慰予。

元桂祖训：必孝友乃可传家，兄弟休戚相关，纵外侮何由而入；唯诗书方能启后，子孙见闻至此，虽中才不知非为。这是对中国传统美德生动形象的阐释。上联表达了中国人几千年来重视仁义道德，感恩与同心同德并重，常怀一颗感恩的心，受人滴水之恩，当涌泉相报。具体体现在注重入孝出悌，孝敬老人责无旁贷，提携幼小义无反顾，兄弟间和睦团结、同舟共济、共患难，强调兄弟同心，其利断金。有此家风就如同有了铜墙铁壁，来犯之敌定然毫无办法。下联阐明了学习历代圣贤留下的道德经书的重要性，当我们的子孙后代懂得其中的道理，就算不能功成名就，也能成为一个身心健康的人。这是很辩证的，不可多得的家训格言。

大家遗风世代传承，梁君杖家族遵循《缉熙堂训》

歇马人世代重家庭、重家教、重家风，村中保存完好的宗祠、书院以及励志园、孔圣坛、教子台、功名碑林等历史遗迹，见证了歇马村传承优良家教家风的传统，镌刻着歇马的数百年传奇。其中《缉熙堂训》更是歇马人良好家教、家风的一个缩影。

缉熙堂为岭南古代建筑风格的庭园三进式祠堂，是清乾隆年间官从二品的梁君杖辞官回乡后于1769年所修建，至今已有250多年的历史，原为梁君杖生祠，后为家族宗祠，梁公所立《缉熙堂训》悬挂在显眼位置。

《缉熙堂训》全文为："读史通今，明德晓义。尊师重道，礼恭意诚。孝友家声，修身立品。积善若水，惩恶为良。谨言善行，忠贞务实。宁静致远，俭以养性。举止端庄，谈吐儒雅。自满招损，谦逊则益。上报国恩，下为百姓。遵守诚训，家道宜昌。"

短短几十字的《缉熙堂训》，语言通俗、内涵丰富，体现了"仁、义、廉、礼、忠、信、孝、悌、智、志、勇"的儒家思想精髓，形成了特色鲜明的梁君杖家族治家和立身之道，对后人有着深刻的影响。据《歇马史志》记载，其家族梁君杖以下四代共107名男丁中有77人考取功名走上仕途，清廉为官，其中梁日蔼、梁元桂、梁云桥更是当中的代表人物。

《缉熙堂训》体现了歇马人对家教、家风的重视，同时也体现出歇马人传统文化的正能量。一个村子出了这么多在各方面有

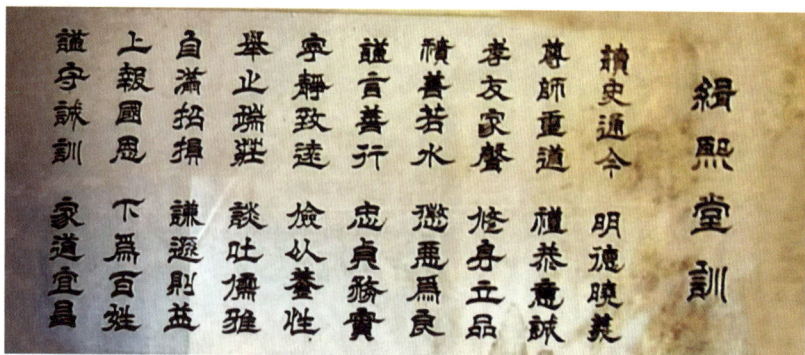

《缉熙堂训》

读史通今　明德映辉

尊师重道　礼恭意诚

孝友家馨　修身立品

积善若水　惩恶为良

谨言善行　忠贞殊贵

宁静致远　俭从养性

举业端庄　谈吐儒雅

自满招损　谦逊则益

上报国恩　下为百姓

谨守诚训　家道宜昌

建树的人才，这一切都建立在认真读书的基础之上。这个村子有一种重视读书、重视家庭文化教育的氛围。

歇马人最有特色的家训要数励志园的"算盘"，村人在显眼的地方立了一个大算盘，并用"加减乘除"阐述了对人生的深深感悟——加法增内涵，减法量得失，乘法算机遇，除法计幸福。

人生的内涵是一点一滴积累起来的，要勤字当头，好好学习，天天向上。看淡一切，拥有简单的人生，过好每一天。在人生的过程中，不要怨天尤人，真正的机遇是不多的，遇上了就要好好把握，用十倍百倍的努力去追求理想目标。人生需要幸福的生活，但是幸福的生活不是预期越高就越好，往往是期望越高，就越容易失望，所以真正拥有幸福感就要降低期望值。

家教就是发现家的价值，回归纯正的家风、家训，在光明中教育孩子走光明大道。

一个有远见、有智慧的家长，通常会舍去表面浮华的教导，而专注于用良好的家风、家训来熏染孩子，润物无声。作为父母，把家风、家训总结出来，形成有形无形的家庭财产，可以启发后人，是一件非常有意义的事。

家风、家教的力量犹如种子破土，虽不可见，却生机勃发。

家风、家教是孩子的人生起跑线，更是生命长跑的力量源泉。

我们可以把歇马人的家风内涵放在中华民族几千年发展而来的家风文化中去发现身边更多宝贵的精神财富，歇马家风确实含有许多智慧，亮点纷呈。

弘扬歇马人家风文明的创新理念

歇马育人文化既有传统性又有时代价值。现在的歇马文化，特别体现在其家训与家教精髓上，已经不再局限于歇马这个村子，这里的家风和教育理念已经得到大大的提高。歇马举人村良好的家风已经具备时代内涵，是一种美德资源，是最有温度的文化，属于全民。

教育部门成立了歇马学院，由大学教授、教育部门的领导、老师和教研人员，以及社会工作者组成，有歇马举人教材。这是一个没有围墙的学校，是一个传承好家风的创举。他们因地制宜，因材施教，善于总结，善于研学，形成理论，扎实推广，将家风教育集中体现在学校课堂，如圣堂中学，师生用各种教育办法传承歇马家风，举行主题校会（班会），通过在公共场所进行绘画、文艺创作与表演，使歇马家风不断传播出去。

歇马村，是一座南国古村，被评为"第四批中国历史文化名村"，享誉四方。从古至今，歇马村人才辈出，文化建设和经济发展备受关注。纵观古今，歇马村经久不衰，不断创造辉煌。其中，最值得学习的是歇马村人从立村开始一直到现在都非常注重家风建设。歇马村的祖训简洁明了、直抒胸臆，"笔筒量米也教子读书"的祖训世代相传，影响深远。他们深知要改变命运必须立下远大志向，读书成才。家风激励和保障着一代又一代孩子有书读、有饭吃，健康成长。歇马村人非常注重传统美德教育，善于总结德育经验，善于建造德育场景，讲好德育故事，薪火相传，获奖无数，成为全国文明村，受到国家表彰。歇马村的故事值得我们好好品读，其家风内涵值得我们深入研究与学习。

第三章　忠孝并举、服务人民，革命者家庭正气浩然、魅力四射

本章，我们收录的家风故事都蕴藏着中国革命的"红色基因"，有在恩平备受敬仰的"三老"：冯燊、禤荣和吴有恒，还有杰出的革命战士郑锦波。他们无论在过去的革命年代，还是新中国成立后，都对国家作出了巨大贡献；对祖国和人民一片赤诚，终生为祖国和人民贡献智慧和力量。"到困难中去，以困难解决困难"，他们的故事酝酿出恩平人民的精神财富。

天村，恩平第一个党支部诞生地

1928年，恩平第一个中共党员冯燊，在其家乡天村建立了恩平第一个党支部——天村党支部，宣传党的主张，进行革命教育，积极培养革命力量，发展了一批共产党员。天村成为恩平第一个党支部的诞生地，在恩平革命史和党建史上有着重要地位，是恩平人民宝贵的红色资源和精神财富。

1927年12月6日，中共广东省委任命冯燊为中共恩平县委书记。冯燊回到恩平以后，积极从事建立中国共产党组织的工作，并负责联系台山、开平两地开展党组织工作。同时，省委又派冯

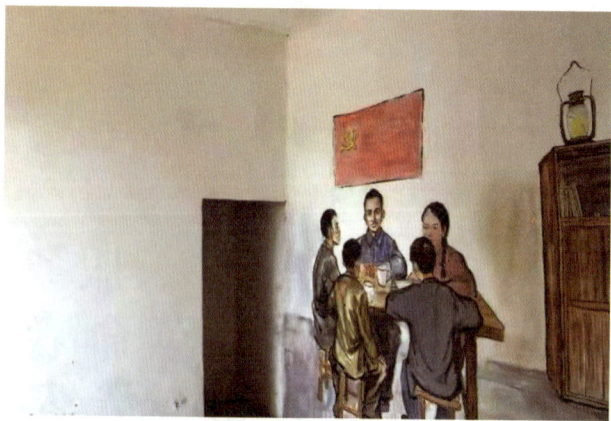

到困难中去，以困难解决困难

炎国（圣堂山爪村人）以中共恩平县委委员身份回到恩平，协助冯燊开展工作。当时，正是恩平农民起义失败后不久，农会处于"群龙无首"的状态，他们的到来，犹如茫茫黑暗中的一盏明灯，照亮革命的道路。他们遵照省委的指示，立志尽快在这块有光荣革命传统的土地上建立起党的组织。冯燊带领县委骨干同志克服重重困难，走遍了天村、隔巷、长安、热水等村庄，积极发动农民群众，把大革命时期的农会老会员和群众中的积极分子重新组织起来，利用"睇牛会""兄弟救济会"等形式进行活动，并以"保耕安种会"名义组织了一支 16 人的武装队伍。他们以维持社会治安作掩护，向当地的土豪劣绅提出警告：所有的贫苦农民一家亲，谁若在农民兄弟身上动一根毫毛，我们就与他们拼到底！反动派猖狂的气焰被压下去了，群众中的革命之火被熊熊点燃起来。经过各种斗争实战的锻炼和考验，1928 年夏，冯燊在发展了冯创三、冯二女、冯尤暖等五位老会员为中国共产党党员后，在本县建立了第一个中共党支部。

冯燊的名言"到困难中去，以困难解决困难"，在其故居尤为显眼。这句话蕴含着深刻的道理，尽管距今已有近百年历史，但仍然具有号召意义。它鼓励恩平人民振奋精神，不畏艰难，迎难而上，顽强拼搏，推动恩平市社会经济不断向好发展，这也圆了以冯燊为代表的革命前辈们的百年夙愿。

冯燊讲的这句话也有其历史背景，那时党的革命事业遭遇严重的挫折，但他并没有气馁。他回到恩平继续发展党支部，自从建立了天村党支部以来，恩平县委一方面，抓党员教育，把党员送到斗争的第一线接受考验；另一方面，利用这些党员到附近各村发动农民开展革命运动。他们陆续在长

冯燊

安、进职、平塘、热水、莲塘等村发展党员和建立党组织。截至1928 年 8 月 7 日，全县的党员已经发展至 32 人。在冯燊等人的共同努力下，恩平的革命形势有了新的转机。1929 年，恩平县的党员已经发展到 56 人，其中知识分子 21 人，农民 35 人。后来，冯燊的女儿冯连娇长大后也加入了中国共产党。

历经生死考验，红军战士的境界在长征中升华

冯燊参加过长征，是江门地区唯一的长征战士。在长征途中他因病掉队，历经各种战事和艰难险阻，誓死寻找党和红军队伍。

遵义会议后，为了保证红军主力顺利渡过金沙江，中央决定组织部队南下，牵制敌人。冯燊虽然身体还没有完全康复，但他响应号召，报名参加。长征时，冯燊是兴国师的组织科长。冯燊由于营养不足，又染上疟疾，一直在发冷，身体瘦弱不堪，但他仍带病踏上征途。一路上，冯燊和部队一起进湖南，攀桂林雷公岩，向敌人力量薄弱的贵州前进。

当红军部队三渡赤水，越过桐梓地区打到川滇边界的金沙江

恩平第一个党支部在圣堂镇天村成立

准备四渡赤水时，为了保证红军大部队顺利过江，红军总部决定临时成立一支由党员军干组成的回师劲旅佯攻贵州，吸引云南敌军，声东击西。当时，冯燊体弱多病，如果继续随大部队北上，恐怕对身体无益，但冯燊首先想到的不是自己的利益，而是党的利益，革命的利益，红军的利益，他响应组织号召，毅然报名参加了回师部队。

1935 年四五月间，回师部队行经云川边境的五龙山时，遭到川贵边境敌人的伏击，激战后双方伤亡重大。在这次战斗中，冯燊头部中弹，虽然只是皮外伤，但因流血过多，晕倒路旁，经战友救起，搀扶他步行。冯燊劝说战友追回部队，他独自留在一个叫黄泥咀的地方养伤。

回师部队被打散了，冯燊与部队失去了联系。他带着伤病，在茫茫的滇北地区寻找自己的同志。最终被敌人抓住了，不久被送去国民党重庆涂山寺收容所关押起来。从被押进收容所那天起，冯燊就过着非人的生活，在收容所，冯燊受到严刑拷打，贫病交加。在敌人的种种酷刑之下，他坚贞不屈，视死如归。历经生死考验，冯燊成长为一名英勇的革命战士。他始终坚信，红军一定能够胜利，中国革命一定能够胜利，因此寻找党组织，寻找部队的信心和决心不改当初。同时，他无时不在想方设法逃出敌人的魔掌，走向光明。

冯燊一家

此去生死两茫茫，泪别家乡是为家

冯燊脱难后，历经磨难，又从上海返回香港，与禤荣相见。两位同乡、战友相会，格外高兴。禤荣知道冯燊很久没有回家了，就赞助冯燊一笔路费，劝他先回恩平老家探亲。

冯燊阔别了家乡9年，而且毫无音讯，妻子儿女都很挂念他。他也想念着妻子和两个孩子。经禤荣这样一劝，撩起了他无限的乡思，更想念当年在恩平创业的战斗生活，那里的战友和父老兄弟姐妹，现在他们情况怎样呢？冯燊联想翩翩，旁边的同志看出了他的心事，对他很同情，于是便劝他早点回乡看看家人。就这样冯燊踏上了回乡之路。

那一天农历七月初七傍晚时分，冯燊回到圣堂天村。熟悉的村景，使他兴奋地迈开步伐向自己的家走去。他把简单的行

冯燊动员群众参加革命

李放下，连声叫着连娇、永坚的名字，但屋里静悄悄的。这时忽然听到厅间有个女人边哭泣，边稟神。这女人说："连娇老子，永坚阿爹，你被打入枉死城，我在阳间挨苦命，连娇今年16未成年，永坚今年9岁无钱拜圣，望你保佑我全家时来转运。"

冯燊在屋里听到厅间传来这番言语，知道是自己妻子在拜仙稟神，以为丈夫已死，求神保佑全家转运……冯燊越听越是百感交集。于是，冯燊忍不住泪流满面："亲爱的，你说什么？我不是好好地回来了吗？"

冯婶一听，吓了一跳，但她又听出这是冯燊的声音，她回过神来，看到说话的人正是自己的丈夫，不禁吃惊，便大声叫道："你是人还是鬼？"她护住吓得砰砰跳的胸口，两眼注视着冯燊。在她看来，丈夫已死，怎会在稟神时出现了呢？

冯燊看到妻子如此惊愕，一时不知所措。这时冯婶更加惊慌，拔腿跑出屋外，跑到禤三公家里，把刚刚发生的情况告诉了禤三公。禤三公听了半信半疑，于是他就会同两个农会会员，一齐跟着冯婶回家。禤三公等一见果真是冯燊，大家又惊又喜。冯燊见到禤三公他们，也很高兴。冯燊问禤三公刚才是怎么回事，禤三公就把事情的原委说了。原来在六七年前，乡间就传说冯燊在上海被捕牺牲了。冯婶当时哭得死去活来。天村的农民兄弟就按当地风俗为冯燊治丧，并到村外为冯燊招魂。冯婶又为冯燊在家里设了灵位，烧香供奉。每年七夕节都为冯燊稟神拜祭。恰巧今次稟神，竟把他稟回来了，这怎不叫人惊喜呢？

后来经过冯燊向大家说明真实情况后，亲友们释疑了，亲友相会，悲喜交集，热泪盈眶，屋里充满了一派亲人团聚的气氛。

冯燊这次回乡探亲，一直没有公开露面。但父老乡亲知道他回来了，都先后到他家里拜访叙旧，大家有谈不完的话题。但没几天，省委派人送信来，通知冯燊迅速到广州集合，前往武汉学习。于是，冯燊只好和家人依依惜别，前往广州。

临别时，冯燊把老婆孩子叫到身边，还有禤三公等乡亲也来了，妻儿都紧紧抱着，哭成了泪人，谁知道此去何时才能再见。冯燊知道一个共产党员应该怎样做，他语重心长地对大家说："我知道我们有许多不舍，我也不会抛弃我的家，我知道我是为了民族，为了后代离开家，我们面前有许多意想不到的困难艰苦，我选择了这条道路，就是到困难中去，以困难解决困难。我们一定会团聚会幸福的。"

理想信仰终不改，服务人民铸家训

冯燊曾书写"忠孝并举、励志自强、服务人民"作为自勉和留给子女的家训，经常教育子女和身边的警卫员、卫生员不管遇到什么风浪，都要站稳立场，对党忠诚，坚定共产主义理想信仰，全心全意为人民服务。

他在任粤中纵队政委时，把司令部的警卫员、卫生员等都当作自己的儿女般看待，生活上关心他们，政治上教育、培养他们。在冯燊的教育和培养下，曾当过他警卫员的林松、陈志平、廖强、李启才、陈普初等都没有辜负冯燊的期望，他们离开冯燊后转业到其他部门工作，并担任领导职务，成为社会主义建设的有用人才。如跟随冯燊到华南分局、省交通厅当警卫员的林松，被评为分局模范员，后来担任广州河南园艺场的党委书记。警卫员陈志平调到省公安厅警卫处，因工作出色，被评为全国劳动模范。陈志平曾感慨地说："我是一个孤儿，到了部队，当了冯叔的警卫员，能够当上全国劳动模范，与党组织的培养教育和关心是分不开的。"

冯燊，历任西江特委书记，华南分局委员，粤中临时区党委书记，中国人民解放军粤中纵队政治委员等职。中华人民共和国成立后，其任广东省人民政府委员，省交通厅厅长，华南公路修建指挥部副总指挥，省监察委员会副主任，省委交通部副部长，省总工会主席，省政协副主席等职。1970年6月27日冯燊含冤逝世，终年73岁。1979年，中共广东省委、省政协为其平反，恢复其名誉。

冯燊是五邑地区唯一参加过长征的红军战士，一生为祖国贡献力量。一个革命者多么不容易啊，自从冯燊走上革命道路，特别是从加入中国共产党那一刻到生命的最后，他伟大的一生可用"忠诚"两个字概括。"忠孝并举、励志自强、服务人民"是冯燊的追求。无论对家庭、对孩子，还是对革命队伍的同志，他都是一贯爱之。冯燊同志是我国工人运动的先驱者之一，是我国革命武装斗争的优秀政治指挥员，是坚决执行党的统一战线政策的优秀领导者和组织者。冯燊同志在几十年的革命生涯中，事事处处表现出对党对人民的无限忠诚，他的一生是革命的一生、战斗的一生。他光明磊落，立场坚定，无私无畏，为共产主义奋斗终生，不愧为优秀的共产党员。

"到困难中去，以困难解决困难。"这句朴素简单的话语饱含哲理，它告诉我们，面对困难，保持冷静和镇定，制定有效的方案，这样面对困难就能从容自信，游刃有余。走进困难，把困难细分再细分，把精力集中再集中，把资源集中再集中，然后集中优势力量解决困难，争取胜利。冯燊这句名言永远激励着人们要意志坚定，到困

粤中纵队四位领导在战地合影。分别为司令员吴有恒（左二）、政委冯燊（左三）、副司令员区初（右一）、副政委谢创（左一）

难中去，绝不能畏缩不前，以困难克服困难，要有大无畏精神，勇敢地迎着困难上，直到胜利，这就是一个共产党员最宝贵的意志品质。

我们要学习他的革命精神，不忘初心，牢记使命，一步一个脚印把党的重大决策部署付诸行动、见之于成效，为全面建设社会主义现代化国家、全面推进中华民族伟大复兴而团结奋斗。

我们纪念冯燊、学习冯燊，就要吸取他为子女立下的家训内涵："忠孝并举、励志自强、服务人民，到困难中去，以困难解决困难。"古人有说"忠孝不能两全"，但作为一名中国共产党党员，冯燊做到了一生无憾为家国。革命生涯显品质，困难经历无畏惧，服务人民是根本。冯燊立下的家训中闪耀着无比高尚的家国情怀和大无畏的革命精神。

禤荣——护送白求恩的人，最懂得毫不利己专门利人

伟大的国际主义战士白求恩的故事早已家喻户晓。接待并护送白求恩来华参加抗日活动的人，正是禤荣。

1938 年 1 月，禤荣在香港海员工委会工作期间，加拿大医生白求恩受国际共产主义派遣来中

禤荣

国战地服务。禤荣有着非常丰富的战斗经验，中共地下组织安排他与一位姓蔡的工友负责白求恩在香港的接待、保护工作。

白求恩和美国外科医生帕尔森斯带着药品和器材，从温哥华乘坐"亚洲皇后"海轮抵达香港的时候，禤荣已在码头等候他。

褟荣在恩平开展农会工作

白求恩知道褟荣是党组织派来的人时，紧紧握住了他的手。

褟荣把白求恩安置在一个由爱国同胞开设的小旅馆里，并派人时刻守护旅馆，保障白求恩的安全。白求恩在香港停留期间，褟荣不仅尽职尽责做好保护工作，还积极帮助白求恩购买医疗器材和药品。随后，褟荣到十八集团军驻香港办事处汇报情况。四天后，褟荣找到了两辆由美国华侨送给十八集团军的小汽车。他先把白求恩送到旺角，再搭乘另一辆车，护送白求恩到内地。

褟荣经常回忆起这件非常有意义的事情，想起白求恩，他就会背诵毛主席的《纪念白求恩》："白求恩同志毫不利己专门利人的精神，表现在他对工作的极端的负责任，对同志对人民的极端的热忱。每个共产党员都要学习他。"他以白求恩精神激励自己和家人。

淡泊名利守党性，那颗生命里的子弹迸射出褟家千秋美德

淡泊名利守党性。他的孩子回忆："他没有宣扬过自己做的事情，一直都很谦虚。"在孩子的印象中，父亲是一个淡泊名利的人，很少和家人谈论党组织分配的工作，更不会炫耀自己做过的那些丰功伟绩，也从来没有因自己有革命功劳而向党组织要求过什么。

褟荣90岁高龄的时候，一次去医院检查身体，发现体内还留存着两颗子弹。褟荣在家乡组织开展农民运动的时候，曾在村

里遭遇过一次国民党反动派的袭击，身中五颗子弹。当时，是村里的土郎中帮他治疗的，只取出了三颗子弹。剩下的其中一颗在左边腋窝下，因为不影响生活工作，一直没有取出来。另外一颗在腰间，一直没有被发现，连禤荣自己都不知道。

禤荣领导的东城牛皮糖农会旧址

那镶嵌在身体里的两颗子弹，就像是两枚战斗勋章，陪伴着禤荣走过了为党和人民解放事业奋斗的光辉一生，也迸射出禤家千秋美德。

做一个有益于国家、有益于社会、有益于人民的人

禤荣故居位于下隔巷村的中间位置，始建于1935年，坐南向北，砖木结构，占地百余平方米。禤荣故居于2012年1月被定为恩平市文物保护单位，2019年完成重修。重修之后的禤荣故居，在保留建筑原貌的基础上，增设了一批历史图片、资料以及禤荣生前所用物品，全面展示了禤荣的生平事迹，他的一生，是为党和工人阶级奋斗的一生。墙上还醒目地摘抄出禤荣家训："做一个有益于国家、有益于社会、有益于人民的人。"这句由禤荣立下的20字家训，至今激励着后人不忘初心，勇往直前。

禤家墙上还挂着何香凝题赠的一幅象征革命者的画《雄风》。只见画面上那头醒狮栩栩如生，雄踞山岗，雄姿英发。画上还有柳亚子先生的题诗：

国魂招得睡狮醒，绝技金闺妙铸形。

《雄风》

禤荣家训

应念双清楼上事，鬼雄长护此丹青。

禤家兄弟姐妹经过商量，为了传承红色基因，赓续革命血脉，营造更美好的家风，便将何香凝所赠复制画送回故居收藏展出，激励后人。

禤荣（1893—1986），恩平农民领袖、工人运动先驱者，圣堂镇隔巷村人，出生于香港，1927年加入中国共产党，参加过香港海员大罢工、省港大罢工和广州起义，是恩平农民运动的杰出先驱。1940年，在上海建立党员联络站，从事党的地下工作。新中国成立后，先后担任中国海员工会广东省委员会顾问、广东省第四届政协委员、历届广东省侨务委员会委员等职。

禤荣，1982年离休。直到临终，他还谆谆告诫儿女："做人一定要淡泊名利，千万不要沽名钓誉、营私舞弊，要踏踏实实干事，做一个有益于国家、有益于社会、有益于人民的人。"禤荣的革命生涯既有轰轰烈烈的武装斗争，也有隐姓埋名的地下工作。不管遭受失败，还是被捕入狱，他始终坚定信念，不屈不挠，对党无限忠诚！无论是在工作还是生活中，禤荣都是一个勤恳认真又和善的人。工作中，襧荣总是勤勤恳恳，认真负责，平易近人。生活中，襧荣既是一个严父，也是一个慈父。他对子女要求严格，但又非常和蔼可亲，回到家中还会主动帮忙做家务。新中国成立后，襧荣身居领导岗位，但他从不居功自傲，而是淡泊名利，踏实工作，一生践行他立下的家训："做一个有益于国家、有益于社会、有益于人民的人。"

因材而笃好风尚，树德务滋家声远

"因树书屋"是吴有恒故居原称，门口两侧的一副对联"因材而笃、树德务滋"，也是吴有恒的家训，它不仅介绍了因树书屋名字的由来，也包含勉励后人读书、立德、成才的意思，这是先辈对后辈成长的期望，具有远见卓识。

吴家给孩子起的名字，都彰显着吴家家风的内涵。吴有恒是吴家精神的诠释。万事从来贵有

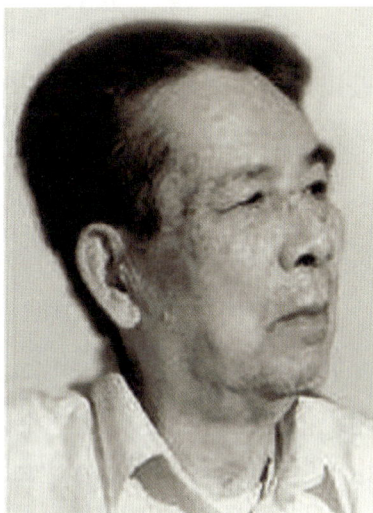

吴有恒

恒，久为功者必有成。古往今来，从来没有从天而降的辉煌，也没有一蹴而就的成功。但凡成就大业者，都有一颗矢志不渝的恒心，铆定一个目标、沿着一条道路、鼓足一身气力，踔厉奋发，勇毅前行，即使荆棘遍布也毫不气馁、决不退缩，用无数次平凡坚定的奋斗，以无数次激情无悔的付出，闯出一片新天地。古人讲"道虽迩，不行不至""靡不有初，鲜克有终"，都是在告诉我们，凡事只有持之以恒、行而不辍，才能走向远方、有所成就。

因树书屋

无论在战争时期还是和平年代，甚至遭受错误打击的时候，吴有恒都是一位坚强无比的共产党员。他最崇尚的品格便是坚强无比，他给孩子起名字，无论男女，概以"坚"（小坚、幼坚、树坚）字寄予期望。在受迫害的日子里，他在监狱中白天接受审讯、拷打，夜晚构思长篇红色文学作品。

从"因树书屋"到"有恒"的名字再到给孩子起"坚"名，都是那样励志，催人奋发有为。

1948 年 2 月，吴有恒回到家乡，"因树书屋"便成为他领导武装斗争运筹帷幄的中心。1948 年 5 月，恩平县人民政府等组织相继成立，均以"因树书屋"为驻地，在这里施政办公。"因树书屋"名副其实地成为游击队之家。

吴有恒一生从政从军从文，虽然也经历过坎坷磨难，但一生为祖国为人民作出极大贡献。吴家不但吴有恒有出息，家族中还出现了一群从"因树书屋"中走出来参加革命的佼佼者。

瓦屋虽陋藏诗书，树德务滋培养好男儿

巍峨的鳌峰山，滔滔的锦江水，给恩州大地增添了无限的雄伟气势。站在鳌峰山上，俯瞰恩州大地，侨乡处处人杰地灵、山河壮丽、生机蓬勃。那条由北向南，横贯全县的锦江，日夜在奔流着。那滔滔的江水，仿佛在向人们诉说着过去恩州人民的苦难，讲述新中国成立后人民的幸福生活；也好像在唱着一曲曲恩州儿

女战斗的英雄颂歌，讲述着恩州的风流人物……

20世纪20年代的一天早晨，一个孩童背着书包，推开"因树书屋"的家门，准备去上学。他站在门口的台阶上，揉了揉那惺忪的睡眼，向远处张望。这时，恩州大地一片秋意，从锦江河上吹来的晨风，萧飒呜呜，增加了早晨的秋凉。孩童感到有点凉意，便下意识地裹紧衣襟。他举头望着天空，晨星未落，残月还挂在屋角的老树上。他触景生情，随口而出，吟诵了一首诗：

吴有恒领导的粤中纵队

早起月未落，稀疏三两星。

屋角有老树，呜呜发秋声。

这位作诗的孩童年仅七岁，住在"因树书屋"，出自书香门第。他自幼就跟着家里的叔父——一位私塾的老师，熟读四书五经，特别爱读《秋声赋》。也许是受《秋声赋》的启发和影响，他望着晓星残月，秋凉意境，触景生情，即兴作出这首诗。古有曹植七步成诗，写出"煮豆燃豆萁"的名句，受到人们赞许，而这个七岁孩童，乃关情于老树秋声，作出这首好诗，值得人们称赞。

这个孩童就是少年时候的吴有恒。

吴有恒于 1913 年出生于恩平县沙湖镇上凯岗村的大户人家。他父亲住在这一座三间的青砖瓦屋里，门上写着："因树书屋"，两边的对联是："因材而笃、树德务滋。"他的叔父是个很有学问的私塾老师，自幼就督促他勤奋读书，将来成才。而吴有恒的父亲吴在焯也想让长子将来做一个知书识墨、道德高尚的人。吴有恒没有辜负长辈的期望和教育，在叔父的私塾里，勤奋读书。当时恩平县乡间还没有正式的小学，他 8 岁至 12 岁期间都是在叔父的私塾里读书。这几年间，他读过的小说有数十部，包括《三国演义》《聊斋志异》《西游记》《红楼梦》《世说新语》等。

他最初读的是《三国演义》，读了《三国演义》后，吴有恒就到人聚集的村中杂货店去给众人讲《三国演义》，众人很喜欢听，他每讲一次，杂货店老板就给他三枚橄榄，作为报酬。吴有恒隔天就去讲一次，村中的民众都很喜欢这位讲古的孩童。

他读的第二部小说是《聊斋志异》。他的记性很好，在 70 多年后，仍能记得书中的一些内容。

吴有恒在 80 岁大寿时，回顾了自己的一生，想起孩童时读过的书，认为《三国演义》和《聊斋志异》这两本书对他步入人生、认识世界有很大的启迪。他无限感慨地说："我这一生安身立命，实在是从这两部书的教益开始的。读《三国演义》，使我明白乱应求治，读《聊斋志异》，使我明白做人不必追求功名利禄。"

革命者的一生：扛枪为人民，执笔写天下

恩平是一块有着光荣革命历史的红色沃土。这里诞生了众多英雄儿女，有着丰富的红色文化资源和宝贵的精神财富。

1931 年，九一八事变后，吴有恒在学校参加抗日救亡运动。

1936 年 3 月，其在香港参加全国各界救国联合会，任该会华南区总部干事，并于同年 9 月加入中国共产党。

1936 年起，吴有恒先后担任中共香港地下支部书记、香港市委书记、广州市委学生工委书记、粤东南特委组织部部长、中共广东省港澳地区特派员等职。1939 年，吴有恒当选为中共七大代表，从香港启程前往延安参加大会期间，曾在新四军张爱萍部一个团负责政治工作。抵达延安后，吴有恒被分配到中央党务研究室任研究员。

1945 年，吴有恒出席中国共产党第七次全国代表大会。中共七大结束后，其被派回广东开辟游击根据地，任广东南海地区特派员。1947 年 4 月，吴有恒任中国人民解放军粤桂边区部队司令员，1949 年 8 月，任粤中纵队司令员，为广东的解放作出了重要贡献。

新中国成立后，吴有恒先后任中共粤中地委书记、粤西区党委秘书长、广州市委秘书长、广州市委书记处书记等职。1954 年，当选为中华人民共和国第一届全国人民代表大会代表。1956 年，当选为中国共产党第八次全国代表大会代表。

1958 年至 1962 年，吴有恒被下放到广州造纸厂工作，其间，他利用业余时间从事文学创作活动，先后写成话剧《山乡恩仇记》、粤剧《山乡风云》和长篇小说《山乡风云录》。1963 年，其加入中国作家协会广东分会，又先后写出长篇小说《北山记》《滨海传》等。

1978 年后，吴有恒先后当选为广东省文联副主席、广东省作家协会副主席、广东省民间文艺研究会主席、广东省新闻学会会长。1979 年 10 月，出任正在筹备复刊的羊城晚报社党委书记兼总编辑，对晚报的复刊和发展倾注了全部心血，成为新闻战线上一名出色的战士，在纪念《羊城晚报》创刊 35 周年时，为告诫后辈，吴有恒写下一首诗："摘去乌纱不做官，老来报社编新闻；此生此事应无悔，我是《羊城晚报》人。"

吴有恒，为党和人民奋斗一生。

革命战争中练就的智慧和品格

1949年10月，吴有恒同志率部队进入解放前夕的阳江城（阳江正式解放在1949年10月24日傍晚），其时驻扎在今阳江城一间小教室内。吴司令秉承军人"军令如山"的作风，发出的号令若属下执行不到位，必会受到他的一顿痛骂。后来，老战友劝其改正"不近人情"的作风。吴有恒是一位既能持刀枪也能舞笔墨的将军，刚硬中不乏文人气质，这样的作家型将军改起硬脾气来也是雷厉风行的，说改就改。有点将军脾气却无将军架子的吴司令，与群众关系融洽。招呼他吃饭无须大鱼大肉，有时一顿番薯就够了。他还风趣地说，生番薯其实并不比水果差，可以当水果吃，又解渴又饱肚。吴司令和当时阳江的穷苦人民的关系是很融洽的，因此，当地人都亲切地称吴有恒为"番薯司令"。

吴司令既有铁面无私的一面，又有铁骨柔情的一面。在一次战斗中，一个干部牺牲了，他作为首长很痛心。那个干部的妻子痛不欲生，情绪一段时间里非常低迷。吴有恒司令找到这位女战士，以一个战友的同情心，设身处地给她做思想工作，鼓舞她的斗志："我们共产党是为着解放全中国人民而战斗的，有战斗就会有牺牲，他是有贡献的，人民不会忘记他，党也不会忘记他的。作为革命夫妻，丈夫光荣牺牲了，自己却沉浸在痛苦中出不来，就好像一个人用扁担挑着两坛酒，有一坛碰破了，难道另一坛就不要了吗？我相信还是要背回去的。为了革命事业的胜利，我们就要前赴后继，踏着先烈的血迹继续前进。"那个战士受到了巨大的鼓舞，精神很快振作起来。

粤中纵队的成长

　　司令部在西水湾田开了一次军事会议。会议中，许多同志感到有分兵的必要，于是将南路部队分散活动。

　　但吴有恒想，我们没有比较强的主力，不能进行有效的战斗。部队分兵后几个月，吴有恒病了，去开平罗汉山耕田厂养病。去养病之前，他总是琢磨要集中兵力攻打敌人薄弱处这个问题。

　　不久，上级领导又开会研究这个问题，冯燊、吴有恒、谢创、欧初等主要领导出席。会议上，关于部队作战是集中还是分散，仍然相持不下。会议开到半途，吴有恒写了条子递给主要领导冯燊："我建议集中东进部队搞一个团，如果打败了，我甘受枪毙，死而无怨。"冯燊看了条子，叫马上休会。复会时统一了作战思想："全部集中不好，先集中一个营，攻击疲惫的敌人，以取得胜利。"部队的主要力量集中之后，首先打了布辰岭歼灭战。我军兵力三个连，实际战斗兵员仅300人，敌人123人。我军一个营加上新高鹤支队，歼灭敌兵120多人，缴获了9挺机枪，9支枪榴弹筒，还有一大批步枪。由于吴有恒坚持正确的军事思想，运用正确的战略战术，果然接连不断地打了胜仗。这个故事让我们知道吴有恒确实是一个坚持真理，敢于战斗，敢于胜利的优秀军事指挥人才。

吴有恒在革命战争时期，在那艰苦的岁月里，不畏困难，艰苦奋斗，对战士对群众无微不至地关心，与老百姓同甘共苦，不怕流血牺牲，敢于坚持真理，英勇善战，一往无前，夺取了革命胜利，是革命战争练就了他的伟大品格。

田园虽好待耕种，勤勉尽做牛本分，吴有恒要求子女踏实做人做事

吴有恒注重家风家教，希望子女"我自要求高格调，务求说话是纯真""田园虽好待耕种，勤勉尽做牛本分"。晚年病重住院，吴有恒教育陪伴在身边的孩子们说："我革命一生，没有给你们留下什么遗产。我的全部财产就是那些藏书，我一生爱书，书是我的生命。你们也应当爱读书，勤思考，求真是。"在他逝世后，他的儿女将其大部分藏书捐赠给五邑大学，为后人留下无价的精神财富。吴有恒的大女儿吴小坚在缅怀父亲的文章中曾深情地回忆："父亲为人真诚，宽容豁达，生活俭朴，勤奋好学，他说做学问要专心虚心。无论顺境下还是逆境中，父亲始终坚持独立思考，学以致用，他对学问的不懈追求，对工作严谨的态度，就是对我们兄弟姐妹最生动的言传身教。父亲也常常教育我们，要善于发现他人的优点，向他人学习，绝不能自大，染上高傲习气。父亲希望子女脚踏实地做人做事，学有专长自食其力，无论从事什么工作都是有意义的。"

陋室德馨，吴家主动放弃福利分房

吴有恒为革命奋斗一辈子，淡泊名利，艰苦朴素，两袖清风。新中国成立后，他一直住在省委安排的位于广州市梅花村一幢旧公房的二楼。按吴有恒的级别早就可以换新房子了，但他多次主

动放弃单位福利分房，不要组织特殊照顾。离休时，领导建议他在单位买一大一小两套住房，将来可以留给子女。他摇摇头说，子女都有各自的单位，他们能解决住房问题。他的女儿曾问他"您革命一生，还是上无片瓦、下无寸土，您是怎么想的啊？"他只说，多少战友为了党和人民的事业，连宝贵的生命都失去了，对比他们，自己能活着，即使没有房产又算得了什么呢，还有许多干部职工更需要福利房。他经常教育子女，要依靠自己的能力解决生活问题，不要随便向组织、向别人伸手。直到1994年去世，80多岁的吴有恒始终没有一套属于自己的房子。

不将名利放在心头，生不立传，死不树碑

著名作家秦牧曾这样评价吴有恒："有恒同志，淡于名利。"吴有恒晚年担任《羊城晚报》总编辑时依然不富裕，但他知足常乐，淡泊名利。有一次，出版社约他编撰一本五六十万字的自选集，把他创作的重要作品收集起来出版，并承诺给付一笔相当可观的稿费，但是吴有恒却迟迟不答应。出版社再三催促，但他最后还是果断拒绝，并反问："我要是有时间编选集的话，何不用那些时间来写些新的东西呢？"出版社只好就此作罢。曾经有人表示要为吴有恒写传记，他也婉拒了，表示"生不立传，死不树碑"。红色经典剧目《山乡风云》就是根据吴有恒创作的《山乡风云录》改编拍摄的，晚年吴有恒回到江门后，还把稿费全部捐给了五邑大学。

那一件穿了数十年的毛线背心彰显着革命者的风范

吴有恒为人真诚，宽容豁达，生活俭朴。他的家人、战友和同事都记得他有一件穿了多年的旧毛线背心。原来，背心还有段

来历。1937年，吴有恒在担任中共香港工委书记期间，生活条件艰苦，平时节衣缩食干革命，吃的是白饭，加一碗青菜汤、一碟咸菜；住的旧房只有一张床、一张书桌、两张木凳和一只藤箱；穿的是晚洗朝穿的单薄旧恤衫、西裤，到了冬天就外加一件旧中山装。当时的交通员冯美坤见吴有恒夫妇连御寒的衣服都没有，就把自己的毛线外套拆开，做了一件背心送给吴有恒。自此，这件背心一直跟随他数十年，见证了吴有恒简朴的革命生涯，彰显了一个革命者的风范。

写给女儿的诗：生活多么广阔，多么有意义

我有一个可爱的孩子，爱看《卓娅和舒拉的故事》，用年轻的心，对我说："爸爸，我能和卓娅一样吗？我说："好啊，我的孩子，像卓娅一样热爱着自己的生活吧，生活多么广阔，多么有意义。"于是我写了一首诗，给我亲爱的孩子。

生活多么广阔，多么有意义。劳动的人民当了家作了主，在解放了的土地上，开矿、筑路、栽花、种树，沸腾着的热情把人们卷在一起，沸腾的劳动、沸腾的战斗、沸腾的歌唱、沸腾的胜利。响亮的歌声互相鼓舞，保卫社会主义建设，建设社会主义！

生活多么广阔，多么有意义。用人类最高尚的道德，品格，来教育我们的孩子，为人民而生，为人民而死，使年轻的生命，充满着活力，放射着光芒，那么坚决、镇定、愉快地走向真理。

这春天的花朵啊，开起来了，红遍了天，红遍了地。

生活多么广阔，多么有意义。少年，你系着红领巾，而青年，则在团旗下开始宣誓，走上一往无前的道路。

孩子，让我吻你，抱你，祝福你。像保护自己的眼珠子一样，保护着你青年团员的光荣称号吧，更光荣的称号在召唤着你，成长起来啊，把你年轻的生命，成长得像钢铁坚强，像炉火炽热，

像冰雪清洁，像松柏常青，像祖国的江山那样美丽。

吴有恒被誉为"三栖人杰"。他在政界、军旅和文学方面都为祖国作出了贡献。在传统美德和红色家风的营建上吴老率先垂范。吴有恒的家风内涵非常值得我们研究与学习。

（一）教育先行，脚踏实地，志存高远

上凯岗村吴家成功的关键是，在家庭建设中教育先行。吴家那间私塾叫"因树书屋"，是1905年由吴碧玲的祖父吴伦家兴建的一间家族塾馆。大门两侧的对联对家族、对后辈是很美好又很实在的家训："因材而笃，树德务滋。"这文字来自古训，道出了人生的真谛。

《中庸》说："天之生物，必因其材而笃焉。"意思是每一个人都有自己的天性和禀赋，只有做符合自身天性和禀赋的事，才能得到上天的加持和帮助。用通俗的话说，任何一个人都应该知道自己的天性特点，知道自己适合干什么。

老子曾说："道法自然。"只有顺应了人的自然状态，一个人才会顺风顺水；做违背自己天性的事，结果往往是事倍功半，事与愿违。

"树德务滋，除恶务本。"此语出自《尚书》，意思是培养高尚的品德，应循序渐进，潜移默化，不断提高并不断使其滋长；铲除邪恶必须雷厉风行，果断坚决，除恶务尽。

教育就是要让学生明白怎样做人做事，培养自己成为有个性、有智慧的人。所以，看得出吴家世代受深厚的传统文化的影响，深刻领会了人的成长和教育的要义。

（二）家风的核心灵魂：责任与担当

吴家祖祖辈辈遵循中华民族几千年来"修身，齐家，治国，平天下"的理念，形成了使命感的族魂核心。人来到这世界上，就是要有民族精神，就是要有国家使命，就是要有社会责任，就是要有担当。这在吴有恒家风建设上发挥得淋漓尽致。吴有恒从因树书屋的启蒙，到参加中国共产党，从戎、从文，为中华人民共和国的成立作出巨大贡献。新中国成立后，吴有恒虽然在一个时期曾经受到不公正的对待，被下放到工厂，却一直无怨无悔，笔耕不辍。作为一个共产党员，好比种子一样与人民这块土地紧密结合起来，生根发芽开花结果，越是不被理解，越是不被重用，越是命运坎坷，越是要为家国发光发热。同时，他在这个时候更把因树书屋的教育精神发扬光大，对子女更加严格教育，相信党、相信祖国，家庭成员之间更加互相信任，更加清正廉明，排除万难，报效祖国。

家国情怀，使命担当，身体力行，言传身教，无怨无悔，三观端正，品质高尚，这是吴有恒家风的真正内涵。

吴有恒的一生是坚持真理的一生。吴兴国是吴有恒的长孙，在他眼中，祖父是一个刚正不阿，一生追求真理，坚持真理的人。吴有恒正直善良，才华横溢，在工作中能够做到理论结合实际。他不唯上是从，敢于坚持真理，实事求是。过去，他常向后辈讲当年的战斗故事，还教我们作诗，让我们在家庭的熏陶中学习传统文化。他永远是一面旗帜，是我们学习的好榜样。

吴有恒的确是一位扛枪为革命，执笔写天下的杰出人物。无论从军、从政或从文，他都十分出色。人生浮沉，在遇上重大挫折的时候，他仍不忘家族精神，不忘初心，牢记使命，永远跟党走，更鼓励后人为革命为国家矢志不渝。即使不能再从政，在人生极度困难的时刻，他也要拿起笔杆子，写好革命故事。他以清醒的历史唯物主义眼光，独具匠心地写出了多部革命历史题材小说，挖掘了反对封建和推动改革两大主题。他的诗词韵味悠长，很有特色，深受人们喜爱。他不愧为战场宿将、文坛巨匠。

郑锦波——无私无畏的革命战士，坚定信仰，终生践行为人民服务的诺言

郑锦波，1915 年出生在一个华侨家庭，广东恩平牛江镇人，1936 年 10 月入党，在家乡度过小学和中学时代。1935 年郑锦波在中山大学高中部求学期间就参加了广州的学生运动，次年考入大学，参加广州地下党活动，组织工人运动。1938 年 10 月，郑锦波调到粤西南特委负责地下工作和武装斗争。抗日战争时期，其活跃在粤中地

郑锦波

区开展游击战斗，任恩平、台山县委书记。1946 年他随东江纵队北撤山东烟台，在东北军政大学学习。1947 年郑锦波任广阳支队司令员兼政委，在恩平、新兴、阳江、阳春等地开展武装斗争，建立广南游击根据地、粤中根据地。1964 年，郑锦波被授予大校军衔，获得独立自由勋章、解放勋章、红星勋章。晚年的郑锦波为家乡恩平捐出了 16 万余元，建了一座图书馆，圆了他为家乡做点事的梦想。

郑锦波同志的一生是革命的一生，奋斗的一生。他坚定信仰，不忘初心，一生践行为人民服务的诺言，是我们学习的楷模。

送子参军，培养的就是革命战士

在恩平侨乡传颂着侨眷冯定霄大娘送子参加游击队，并捐枪捐物，甚至将丈夫寄回的钱捐献给游击队的动人故事。她被游击

队战士亲切地称为冯大娘。

冯大娘是恩平县东边朗村的一名普通侨眷。她刚生下儿子，丈夫就去了巴拿马做苦工，10年后回国。当第二个儿子生下6个月时，丈夫又去了巴拿马。此后，丈夫就一直没有回来过，足足40个春秋，直到1964年丈夫在巴拿马去世。但丈夫每年都给家里寄生活费。冯大娘是个勤劳、善良、节俭的侨眷，她含辛茹苦，将儿子培养成人。她的儿子去广州参加革命，加入了中国共产党。她的儿子就是在冯燊同志领导下培养成长的中共恩平县委书记郑锦波同志。

郑锦波是个有志气的华侨子弟，从小由母亲带大，后来在学校读书，懂得革命道理。同时革命斗争现实也影响了他。他一岁时父亲离家，10年后回来过一次，之后就再也没见过父亲了。因为国贫家穷，父亲是大哥，不仅要养活自己一家，还要照顾6个弟妹。因此，他不得不离乡背井，长期与妻子儿女分离，远渡重洋，到巴拿马做苦工。如果国家富强，家乡生活好过，父亲也不会离妻别子远走他乡了。这使从小失去父爱的小锦波，认识到社会腐败的现实，也使他从小就立志要做一个爱家爱国，振兴中华民族，使国家富强的人，以结束人民的苦难生活。

冯大娘勤劳节俭，千方百计送小锦波上学读书，希望儿子将来成为对国家有用的人。从小学到初中，小锦波读书勤奋，成绩优秀，后来他在加拿大二叔的帮助下，考入中山大学先修班。当时广州革命学生运动风起云涌，他自学马列主义经典著作，参加了广州的学生革命运动，提高了无产阶级思想觉悟。1936年，郑锦波加入了中国共产党。那时国难当头，为了抗日救亡，他放弃读大学，参加了广州工运工作。1938年10月21日，日军在大亚湾登陆，之后，日军侵占广州。当时郑锦波为中共广州市委组织部的秘书。事前他将市委近400名党员，逐个安排疏散到各

郑锦波的母亲冯定霄与村民一起为战士缝补衣服

地去，转移组织关系等，又清理组织的秘密文件，完成了这个艰巨任务后，他才跟随罗范群他们撤退到开平赤坎。中共西南特委成立时，罗范群为书记，冯燊为副书记，郑锦波为特委秘书。

冯燊对冯大娘一家非常赞赏，他知道冯大娘含辛茹苦把儿子郑锦波抚养成人，在侨眷中很了不起。而且冯大娘热爱共产党，爱国爱乡，勤劳勇敢，是一个历经苦难而有志气的侨眷，深受冯燊的称赞。因此，1938 年 11 月冯燊要召开中共恩平县委会议，他就选定在东边朗村冯大娘家里举行。

当时冯大娘并不很清楚儿子是搞地下工作的，只知道他是抗日救国的，而且是与冯叔（即冯燊）在一起，她相信儿子和冯叔做的一切都是对的，是有益于人民的。因此，当冯叔与儿子到家里开会时，她热情接待，做好饭菜给大家吃，还到屋外放哨。

郑锦波担任中共恩平县委书记后，考虑到要加强与党员的联系，设立地下党的活动据点，需要开个"书店"和"饭店"。但开店要大笔钱，钱从何来？于是，郑锦波就同母亲冯定霄商量。

冯定霄相信儿子所做的都是对的，于是毫不犹疑地大力支持儿子的活动。她将丈夫从巴拿马寄回来的生活费和平时省吃俭用余下的积蓄全部拿出来交给儿子。于是，郑锦波就用母亲的钱，在圣堂开了一间"美珍居"饭店，又在君堂合伙开了一间"新生书店"。这两间店，作为恩平县委地下党活动的据点，是加强上级和党员联系的地方，这就大大推动了恩平县地下工作的开展。

1944年，日军大举进攻西江南岸及中区一带，为了走出危局，中区人民在共产党领导下，纷纷组织抗日游击队。于是，郑锦波由地下转到部队，公开搞武装斗争。因工作需要，郑锦波调入广东人民抗日部队，先组建第三大队（后改为第三团，任团政治委员）。后来在那吉清湾成立第五团，任政治委员（团长先是吴超炯，后是陈中坚），指挥高明和恩平人民抗日游击队，打击日寇和国民党反动派。1945年2月，他参加新兴蕉山战斗。当时敌强我弱，我部队被国民党反动派重兵包围。司令员梁鸿钧指挥战斗，光荣牺牲。2月26日，省委委员连贯、政委罗范群、政治部主任刘田夫、参谋长谢立全等率领部队突围出来，有100余人由郑锦波带着翻越天露山，回到自己的家乡东边朗村隐蔽休整。东边朗村不算大，没有地主，大都是侨眷和贫苦劳动者，他们非常欢迎抗日军队，尤其是由郑锦波带来的抗日游击队。这100多人的部队来到村里后，冯大娘和该村的郑永恒、郑厚兰等，负责将首长和战士安排到各家各户，全村群众热情接待。那天正是元宵节，冯大娘端出热气腾腾的糍糕给战士们吃，战士们像回到自己家里一样。冯大娘专门去购买山草回来生火做饭，烧热水给战士们洗澡，帮助战士烘烤衣服。战士们连日来不断行军打仗，饥寒交迫，疲倦不堪，如今有冯大娘的照顾，他们得到很好的休息。

村里的进步分子和群众为部队放哨、做饭，掩护工作也做得很好。当时追剿我部队的国民党反动派从村边的公路（离村有

郑锦波母亲勉励游击队战士

一二公里）经过，也没有发现部队就住在村子里。

冯大娘看到指战员的鞋破了，就发动全村几十户人家，将自己家里的鞋捐献出来，共有几十双鞋送给了战士们穿。在部队转移前，郑锦波通过地下党组织，动员自己的亲人郑厚官，从他在牛江圩开设的米铺（实际上也是冯大娘家开的米铺）挑回9担大米，将每个战士的米袋都装满了米。战士们感激地说："来到东边朗村，真像回到自己家里一样。"

当部队离开东边朗村时，冯大娘将自己家里用来防匪的一支驳壳枪、一支曲尺枪和郑锦波爷爷所有的一支美制冲锋枪交给儿子，让他带到部队去打敌人。冯大娘爱国爱乡，凡是有利于国家和民众的事，她一定大力解囊相助。有一次，郑锦波在高明搞武装斗争时，游击队有经济困难，他就派郑桥回来找他母亲想办法搞些钱给游击队。大娘听到游击队有困难，就将自己积存的首饰变卖加上手中的钱财，全部交给来人带给儿子作游击队和地下党的经费。

部队在东边朗村得到了冯大娘和全村侨眷的热情接待及护理，经过休整，战士们的身体很快恢复。当部队的首长和全体指战员离开东边朗村时，冯大娘依依不舍地送他们重返战场。部队转移后，李龙英、郑达明、何剑峰等13名伤员（其中有两个女同志）交给冯大娘照顾。冯大娘二话没说，就将这13名游击队伤员照顾起来。他们大多数是华侨子弟，为了祖国，为了打倒反动派，建设新中国，他们参加了游击队。冯大娘知道他们是华侨子弟，对他们更加爱护。她发动村里的10多户贫苦农民和侨属人家，将这13名伤病员分散隐蔽治疗，为他们采药、洗伤口、敷药、做饭等。看到伤员身体虚弱，冯大娘就给他们增加营养。伤病员们在冯大娘等人的精心护理下，安心养伤，很快就恢复了健康，陆续痊愈归队了。

郑锦波随着部队离开东边朗村奔上战场后，恩平县反动派得知郑锦波曾将游击队首长和指战员掩护在东边朗村，郑锦波母亲热心给予护理招待，认为冯大娘犯了藏匪罪。于是凶恶的敌人就向大娘兴师问罪，要她交出儿子郑锦波来。冯大娘非常勇敢坚强，她反问对方道："我很久没见到儿子了，现在生死不知，人各有志，我管不了他。我倒是想要你们叫他回来见见我。"

国民党反动派拿她没有办法。于是就在恩平全县张贴告示，悬赏四百担谷子缉拿郑锦波。当时这个消息传到巴拿马。郑锦波的父亲看到报纸上这则消息十分惊慌，连忙写信回来向儿子问个究竟。

为了让丈夫放心，冯大娘请人写信去说明没有此事，但父亲不相信。后来郑锦波再写信去，父亲才相信。之后，郑锦波干脆去信把自己参加革命的事告诉父亲，能得到党的培养，父亲很高兴，先后寄了1000多美元回来给郑锦波。郑锦波将父亲的钱全部转交给党组织作为经费。

冯定霄把家中的积蓄交给儿子郑锦波

家中的一切都是党和革命游击队的

冯焕球又名冯美珍，是郑锦波将军的夫人与战友。冯焕球出生于恩平县牛江镇马龙塘村，少年时家贫，无法正常入学。20世纪30年代，其与郑锦波结婚后一直在牛江镇东边朗村居住，后来在郑锦波影响下，参加革命。在粤中纵队工作时冯焕球加入中国共产党。新中国成立后，冯焕球在广州街道社区工作，直至离休。

冯焕球受到郑锦波革命思想影响，无怨无悔、矢志不渝地拥护共产党，倾尽全力支持革命并作出了无私的奉献，因此赢得了地下党和游击队同志们的普遍尊敬，大家都得到过来自这个革命家庭的温暖。

1938年10月，抗日烽火燃遍全国，因形势和任务的需要，郑锦波奉组织之命，从广州回到家乡，负责恢复和领导中共恩平县工委工作。为了工作方便和利于保密，县工委机关就设在郑锦波家里。从那时起，郑锦波的母亲冯定霄及儿媳冯焕球完全理解了郑锦波的工作，母子之间，夫妻之间同呼吸、共命运。当时，县工委许多重要的会议都在郑锦波家召开，西南特委副书记冯燊等领导同志亦成为家中的常客。冯焕球对来往的同志总是热情接待，既妥善安排好大家的生活，又注意保密，做好通信联络等事情。凡和她二人接触过的同志，无不对她们的热情及处事的严谨细致表示深深赞许。

郑锦波家生活其实并不宽裕，但是一旦党的事业需要，冯焕球总是毫不吝惜、毫不犹豫地解囊相助，革命的事就是家里的事。在郑家人的心里，家中的一切都是党的。

1939年年初，县委要在君堂圩办一间新生书店，作为党的宣传、联络机构，但所需资金一时难以解决。时任县工委书记兼组织部部长的郑锦波首先想到了向家里求助。婆媳二人当即包揽了全部的开办经费。同年夏天，县委根据形势发展的需要，又决定在圣堂圩经营一家茶楼，用冯焕球另一个名字美珍作名，作为党的地下交通站，她二话没说，大力支持，使圣堂美珍茶楼得以开张"营业"，圣堂地区的地下交通站也就正常运作起来。

1943年夏天，地方党组织采取隐蔽方针，停止公开的组织活动，实行单线联系，郑锦波因此而转移到新（兴）高（明）鹤（山）地区工作。原高明县委特派员郑桥（郑路）以生意人的身份作掩护在恩平开展工作。郑锦波对郑桥说："我家里有白银数十元，可作为革命的活动经费，需要时向我妻子去拿即可。"郑桥来到郑家，转述了锦波的话，冯焕球非常爽快地答应了，还将家里仅有的一件银衣连金银首饰一起让郑桥带走。

1943年冬，为了隐蔽开展革命工作，郑锦波在高明更楼区屏山村与罗祥同志合开了一间旅店，所需款项也由冯焕球出资解决。1944年秋天，粤中地区开展抗日武装斗争前夕，郑锦波在新高鹤地区筹组革命武装队伍所需经费更多。冯焕球与婆婆知道后，即与小叔郑厚官等人秘密将两根金条和一批白银送到开平县单水口交给郑锦波供部队使用。

1946 年三四月间，国民党反动派封锁了当地游击区，部队经济十分困难。冯焕球和婆婆知道后，同样毫不犹豫地将节俭下来的 700 元美金，还有婆婆给孙子孙女买糖果的 18 元美金（这是婆婆每次收到公公从国外寄回的钱，就取其中一元美金放在信封里，留作给孙子孙女买糖果零食，一共 18 元美金），共 718 元美金，悉数交给粤中革命游击队作经费。

郑锦波是杰出的无产阶级革命战士，爱人民爱祖国，对党无限忠诚。他的事迹告诉我们，一代人有一代人的使命，任何使命的完成，都需要一批信仰坚定的薪火传递者。作为新时期的共产党人，在和谐安宁的环境中，我们更要看到今天面临的挑战，时刻保持清醒的头脑。不能忘却曾经的苦难，以更加坚定的理想信念，艰苦奋斗的精神，去面对任何艰难险阻，去铸造新的辉煌。

郑锦波的成长离不开他的母亲，送子参军，培养的就是革命战士，她拥护革命、支持革命的故事是多么感人啊！冯大娘是爱国、爱乡、善良、仁慈的革命母亲，又是一位正直的乐于助人的侨眷楷模。为了祖国的解放事业，她将自己家里的财物，以及亲爱的儿子，都交给了无产阶级革命事业，家中的一切都是党的，冯大娘崇高的品德和感人的事迹，是值得我们永远颂扬和学习的。还有，妻子冯焕球与丈夫一起参加革命，并肩战斗，其事迹非常感人。她们一家人一颗红心跟党走，矢志不渝干革命，为了新中国的诞生，奉献一切，这是值得我们敬仰和学习的。

一颗红心跟党走，红色家风永流传。

第四章 | 念祖归宗益衍其源，"侨文化"构建最美家园

　　唐明照，祖籍恩平圣堂镇塘龙村，是新中国杰出的外交家。他一生对祖国感恩忠诚，为民族贡献甚大。他汲取族人精神，把自己的孩子培养得很出色。唐闻生姐妹向父亲学习，双双成为出色的外交家。唐家有才，一心为国，给我们许多有益的启迪。优良的家教对子女的成才产生根本性的作用。一个人最早的教育，来自家庭。而性格的养成，更在于长辈的言传身教。唐家的故事告诉我们：家风，是一个家庭最宝贵的财产。

塘龙家风，大爱无疆

　　"方正存真理，和行表善端，英彦宏志开新宇，兴祥贤德耀华章……"

　　这是塘龙村"班派"诗文，带着家训式内涵，深刻体现出中华传统美德和人生追求，充满哲理，精彩纷呈，耐人寻味。这就是最美家训、祖训，催人活学活用，犹如旗帜，招人奋进，记于心中，源头活水，灌溉一生，浸润灵魂。而且一字代表一世，每

塘龙村唐明照故居

个人有自己的根脉位置，不会错乱，有文采有技巧，吟哦中诸多铭记与思考，突出长幼有序，成班成派，让族人知根知底，尊卑有对照，礼仪成一统。这样的"班派"诗文一举几得，内涵丰富，对后世影响甚大。

诗文文字不多，逻辑缜密，句读明白，行文流畅精美，字字珠玑，敬宗睦族如镜可鉴，对家风的形成和建设很有指导意义。

我爱我的祖国，我爱华夏民族，没有人比中国人更爱自己的祖国的——唐明照如是说

唐明照

从圣堂镇塘龙村里，曾走出一对叱咤中国外交界的外交家父女。父亲唐明照，是第一个担任联合国副秘书长的中国人，女儿唐闻生，有外语"国嘴"之誉，曾得到毛泽东、周恩来的器重，以及美国前总统尼克松、国务卿基辛格的赞赏。

唐明照，曾用名锡朝。早年加入中国共产党，是当年北平学生运动的领导人之一。1932年起任中共北平市委组织部部长。1933年赴美，1950年返回中国，曾任中共中央对外联络部处长、副秘书长。1971年代表新中国赴美出席联合国会议，后为中华人民共和国首任联合国副秘书长。

1910年，唐明照出生于今圣堂镇塘龙管区塘龙村。其祖父唐君绍，有10个儿子。父亲唐奕朴，排行老五，早年随乡亲赴美谋生，创下些基业。母亲何氏，乃圣堂镇塘龙管区村西头村人。

伯父唐奕梅，是前清秀才，废科举后，毕业于广东省简易师范学校，毕生致力于教育事业。

唐明照幼年就读于塘龙旧村大楼私塾。他尊师爱友，学习勤奋。1920年，其随家人迁居美国旧金山，并在美国读完小学和初中。1927年，因其父唐奕朴与南开大学校长张伯苓交往，故嘱其回国就读于天津南开中学。其间，他曾在暑假时返乡小住，常与好友在锦江河游泳。

唐明照在南开中学就读时，与开平籍一位姓张的同学过从甚密，从而认识其妹张希先。张希先当时在南开女子中学读书，遂有切磋机会。随后她进入燕京大学，而唐明照则被清华大学录取。他们俩志同道合，后来结为夫妇。

1931年九一八事变后，唐明照积极投身于反对日本帝国主义大规模武装侵略我国东北，反对国民党当局的不抵抗主义的群众运动中。不久，唐明照被吸收为中国共产党党员。1932年起，其任中共北平市委组织部部长。在一二·九运动中，唐明照被当时驻北平的张学良部拘捕。唐明照是持有美国护照的华人学生，遂予释放。1935年，组织上考虑到他对美国比较熟悉，也了解华侨社会，故安排他再度赴美。于是他中断了在清华大学政治系的学习，进入美国加州大学历史系攻读西方近代史。唐明照在加州大学就读期间，先后任美国加州大学党组织负责人。

那个年代，华侨在美国社会地位极其低下，一般华侨只能就业于餐馆业和洗衣业。为了争取华侨的应有权益，1937年纽约华侨成立了纽约华侨衣馆联合会，与美国政府"打官司"。唐明照在加州大学毕业后，为了做好华侨工作，就进入纽约社会最底层的华侨衣馆联合会当英文干事。初期每月工资40美元，他的夫人张希先则从事教书工作，以维持家用。其间，他还在唐人街办了一所英文学校，取名"明照学校"，帮助华人学英语，掌握当地语言，利于与西方人沟通。其时，祖国抗日战争兴起，为做好华侨宣传工作，唐明照创办了《先锋周报》（不定期刊物）。

纽约华侨衣馆联合会，旨在团结华侨，反映华侨的心声。1940年衣馆联合会投资开设公司，委托唐明照办自己的报纸，定名为《美洲华侨日报》，同年7月7日创刊，公选唐明照为《美洲华侨日报》的第一任社长、总编辑。《美洲华侨日报》创刊，选在卢沟桥事变之日，具有深远的历史意义。它在维护华人的正当权益方面，在团结华侨、宣传抗日救国、反对内战、一致对外等方面，起到了应有的作用。

纽约、三藩市洪门致公堂，积极支持孙中山先生革命，在华侨中很有威望。1937年，唐明照第一次见到洪门致公堂总监督司徒美堂老先生。后来唐明照应司徒美堂之邀，和《美洲华侨日报》总编辑冀贡泉一同加入了致公堂。遂按"堂规"他们与司徒老先生成了"甥舅"关系，工作上获得致公堂的支持。

1941年皖南事变后，《美洲华侨日报》率先揭露了事件真相，一连七天对事件做详尽报道。广大华侨对蒋介石同室操戈、消极抗日的行径痛恨至极。其他华文报纸也做了报道。随后，美洲的十大华文报纸，包括《美洲华侨日报》、致公堂办的《纽约公报》、旧金山的《世界日报》、加拿大的《大汉公报》等发出了"十报宣言"，明确反对蒋介石搞分裂，要求团结一致，坚持抗战，务必把日本侵略者驱逐出中国，表达了广大华侨要求团结抗日的心声，影响很大。此后《美洲华侨日报》与《纽约公报》《世界日报》等合作得更好；唐明照与吕超然、李大明等的关系也更密切。司徒美堂老先生更加关心和支持《美洲华侨日报》和华侨衣馆联合会。一次，《美洲华侨日报》的报贩被国民党特务打了，侨报派人去交涉，又被抓了。司徒老先生知道后主动关心，协助解决。一次，衣馆联合会开大会，司徒老先生应唐明照之邀欣然与会。

唐明照在联合国大会上发言

会间偶然停电，电梯不行，老先生以 70 多岁高龄，登上五楼开会，以示关心与支持，可见，唐明照与司徒老先生关系甚笃。

1949 年，新中国诞生前夕，中国人民政治协商会议在北京召开，党中央邀请美洲华侨领袖司徒美堂先生赴会。唐明照受国内委托，专程上门拜会司徒老先生，转达邀请，司徒老先生欣然应允。这件事他严守秘密，周密安排，只有他身边最亲近的阮万本、吕超然等人知道。为了安全，唐明照从纽约护送他到旧金山，一直看到他登机后，才回纽约。

第二次世界大战爆发后，唐明照应征入伍。因他是亚裔大学生，被安排在美国战时情报局工作。他在入伍前一时期，安排好友林棠（台山人，回国后任中联部副局长）到《美洲华侨日报》工作。林因担心文化水平低做不好工作有顾虑。唐明照坦诚地对林说："没什么难的，组织叫你干就干吧！"又鼓励说："蜀中无大将，廖化作先锋嘛！"林棠就这样愉快地把办报担子挑了起来。

唐明照还时常被派到印度、新西兰、缅甸等国活动，国际活动范围更大，接触国际友人的机会更多。其间，他虽在军事部门服役，但也极其关心《美洲华侨日报》。他每次回美汇报工作，总到报社指导，从没有中断过。第二次世界大战结束后，唐明照退役，回到《美洲华侨日报》。当时美国共产党成立了援华会，于是唐明照又到援华会工作。不久，他又到美国一研究机构做事。

1950年，朝鲜战争爆发后，为避免麦卡锡主义迫害，年底，组织上安排他前往南美，再由南美返回祖国。他的夫人张希先与女儿唐闻生则于1951年取道欧洲，然后回国。唐明照于1950年年底回国以后，被委任为中央政务院外交部专员、中国人民保卫世界和平大会联络部副部长、全国第一届至第三届人大代表。1955年4月，唐明照随周恩来总理参加了著名的"万隆会议"。随后，他又参加中国代表团，出席了在日内瓦举行的禁止核武器试验会议。后来，唐明照被调到中共中央联络部任副秘书长。中华人民共和国恢复在联合国的地位后，他受命代表新中

唐明照一家

国赴美参加联合国工作。1972 年，由周恩来总理提名，唐明照出任新中国首任联合国副秘书长。他在联合国分管政治事务、非殖民化托管地的工作，一干就是 7 年。1979 年，唐明照离职回国，被委任为中国国际交流协会副会长，并被选为全国政协委员。

唐明照同志是位老共产党员，立党为公。他在联合国任职 7 年，初始年薪 4 万美元，后来提为 8.7 万美元，但除了正常生活开支外，他将余下的 26 万多美元全部交给国家。在 20 世纪 70 年代他已是个百万元户了。可是他说："共产党天下为公，要有献身精神。"后来，他住在北京的一所幽静的四合院里，生活仍十分俭朴。客厅只有 10 多平方米。那里摆着一张木桌，三张旧沙发，两个书架，卧室兼休息室有一张很普通的床，一个一米多长的组合柜，上面放着一台电视机和一台收音机。

唐明照常说：我爱我的祖国，我爱华夏民族，没有人比中国人更爱自己的祖国。

唐明照有两个女儿，大女儿唐闻生，1943 年出生。唐明照在回家时听到女儿出生的佳音，便以"闻父归而生"之意取名闻生。唐闻生是 1951 年随母亲张希先取道欧洲回国的，接受的是祖国的教育。她大学毕业后，被安排在外交部工作，后出任外交部北美大洋洲司副司长，常陪同毛主席接见来访的国际友人，并负责翻译工作。她被选为中共第十、十一届中央候补委员。次女唐健生，是新中国成立后出生的。唐健生大学毕业后，取得博士学位。曾在外交部任翻译，后来在外交部驻外机构任职，兼任联合国翻译。真可谓一门三杰外交家。

唐明照很关心家乡，1957 年随刘宁一同志赴台山视察时，特绕道回家乡一行。他的穿着全是农村干部打扮，也没有随行人员，到区政府一行后，就回塘龙村探望乡亲。他还找些儿时的同学谈心，鼓励他们搞好生产。1991 年，恩平县政协副主席岑能端、政协联谊会会长关中人、文史科长梁植权，专程到北京拜访唐明照。唐老及其夫人知道是家乡来人，非常高兴，给予热情接待。他对家乡人民对他的问候连声道谢，并坦诚地谈了有关问题。他谈话时语言清晰，话锋锐利，条理分明，情真意切，使拜访者深受教益。当年，唐明照同志已是80多岁高龄了，对国家大事，祖国前途，家乡建设仍非常关怀，令人肃然起敬。

"国嘴""金花"唐闻生

唐闻生1943年出生于美国纽约布鲁克林区。对于中国人来说，"唐闻生"不是一个陌生的名字。20世纪60年代末至70年代初，电影放映之前一般都加播《新闻简报》，主要报道毛泽东、周恩来接见外宾等新闻。而经常和领袖们一同出现在银幕上的年轻、端庄的女翻译，就是唐闻生。

唐闻生

唐闻生是20世纪70年代中国外交界一颗耀眼夺目的明星，和王海容等四位女翻译一起被誉为中国外交界的"五朵金花"。

1962年仲夏，正当豆蔻年华的唐闻生告别了美丽的师大女附中校园，轻松地拿到了北京外国语学院（现为北京外国语大学）英语系的录取通知书。

在进入这个新中国第三代外交官的"摇篮"后，唐闻生不费吹灰之力地用3年时间就读完了5年全部课程。在一、三年级各跳了一级，让众多师生刮目相看。当时，很多人都注意到了唐闻生。

20 世纪 60 年代中期，国家多次到北京外国语学院物色高级翻译人才。当时的翻译冀朝铸一眼就看中了活泼可爱的英语系高才生唐闻生。1965 年暮春时分，22 岁的唐闻生迈着轻捷的步伐跨进了中华人民共和国外交部。不出数年，唐闻生便脱颖而出，成为冀朝铸之后中国外交界最优秀的英语译员之一。唐闻生一口漂亮的美国东部口音的英语以及她天真可爱的活泼性格给来访的外国贵宾留下了非常深刻的印象。

她因一口纯正的英语，常年伴随毛主席左右任翻译。她白皙的脸庞，梳剪整齐的短发，穿一身灰蓝色的列宁装，在给毛主席做翻译的十多年中，这一身装扮几乎没有变化过。

1984 年，唐闻生出任英文报纸《中国日报》的副总编辑，数年后调任铁道部外事局局长，1999 年后任全国侨联副主席。

唐闻生天资聪颖，十分勤勉好学，品德高尚，担任党和国家领导人的翻译，是杰出的翻译家，受到中国人民和世界人民的好评。在湖南长沙召开的 2024 中国翻译协会年会上，中国侨联顾问、恩平杰出乡贤唐闻生荣获中国翻译界最高奖——翻译文化终身成就奖。

她从不沽名钓誉，一生服从党和国家的安排，生活俭朴，谦虚善良，和蔼可亲。退休后，她一直和家乡联系不断，常常回到家乡走家串户，为家乡建设贡献力量。的确，她是唐氏家族的佼佼者，巾帼英才，更是中国人民的好儿女，恩平人民的骄傲。

唐明照为了祖国，外交工作十分忙碌，无暇顾及家事。从他给自己的女儿起名"闻生"，也看出他的用心，孩子是听到父亲回家的脚步声而降临这个世界的。日后父女情深，继往开来从事祖国的外交工作，这名字对家庭亲人有着极大的鼓舞。

唐明照把一生交给了党和祖国。他是我们的楷模，许多地方都值得我们学习。他对子女和家人的要求十分严格，在家庭生活中一以贯之形成革命家的家风，可用五字概括："严""明""勤""忠""爱"。

严，就是对自己、对子女要求非常严格，一切活动以一个共产党员的标准要求自己，严守党的纪律，严守国家机密，在漫长的外交工作中作风谨慎，不出差错，绝对不失民族礼节，点点滴滴严于律己。

明，就是心明，心中永远有党、有祖国，明辨是非，人生原则毫不含糊。无论何时何地，分清敌友。当年，他说祖国虽穷，但地位很重要，从一个外交家的智慧眼光中看中国革命的方向，捍卫党的尊严，为人民的利益，为祖国的发展，表明一个革命战士的坚定立场。

勤，唐明照一生都勤奋努力，谦虚谨慎，戒骄戒躁。勤于钻研，唐明照认真读书，而且多次国内外转学就读，从不落下学业。勤于办报，唐明照劳心劳力宣传党的思想，投身革命活动。

忠，就是他在整个人生中，树立忠义为先、国事为重的高尚品格。使命担当是我国历代知识分子的思想内涵和作风。唐明照是资深的老共产党员、老外交家，他把一生奉献给了中国共产党领导的革命事业。他被派遣到美国秘密领导华侨华人的革命工作。工作之余不断与兄弟姐妹和同学有书信往来，同时也积极鼓励家乡的亲人们投身中国共产党领导的伟大革命事业。唐明照对党、对祖国绝对忠诚。

爱，唐明照家国同爱，在外团结世界各国人民，为人类进步事业而努力奋斗，在家令家人和睦相处，相亲相爱。

羊有跪乳之恩，鸦有反哺之义。唐明照毕生为祖国贡献智慧和力量。他在任中国驻联合国副秘书长一职时，工资虽然不菲，但回到国内后马上将26万美元积蓄献给国家。在20世纪七八十年代，这是一笔巨款。那时祖国和人民还很穷，国家需要发展，人民的生活水平还不高。作为一个出色的外交家，唐明照深爱自己的祖国，他认为自己是党像父母一样悉心栽培才成长起来的，所有的人生荣耀都是祖国给的，所以要毫不犹豫地将自己的一切献给国家。为了祖国为了共产主义信仰，一个老共产党员，就这样义无反顾，为祖国为人民奉献了一切。对于给国家上交工资这件事，唐明照和家人一直保守秘密，特别低调，但也正因如此，更显出他不为名利为信仰的高风亮节。

这位饱经风霜的老人曾语重心长地说，作为中国人最重要的是坚定民族自信心和发扬实干精神，讲究实际，干了再说，不好大喜功，只有做出实事，才能振奋起民族精神，爱国主义才能落到实处。我劝青年朋友们相信，我们中国虽然穷，但分量很重，正因此别人才不敢小看我们。只要我们发扬中华民族的优秀传统文化，自己看得起自己，上下勠力同心，就没有克服不了的困难。千万要自尊和自重啊！

唐闻生，是父亲最好的接班人，她传承了唐家的美好家风，在父亲品德的涵养中也养成了高尚的品格，受到世人的尊敬，值得我们永远学习。

开明家风育出侨乡巾帼英雄张瑞芬

黎塘村是恩平市重点侨村，人们誉其为恩平"华侨历史第一村"。19世纪中期，中国内忧外患日益深重，黎塘村人多地少，粮食短缺，民众生活愈加艰难。美国、澳大利亚、加拿大先后发现金矿及随后的北美太平洋铁路修建，急需劳动力的消息传来，黎塘村形成了奔向"金山"谋出路的共识。青壮年男子谋食外洋者，十之七八。他们漂洋过海汇入国际移民大潮，成为北美、澳大利亚、东南亚等国家和地区的金矿、铁路、锡矿、种植园、农场的主要开拓者。

黎塘华侨的历史是一部血泪史、创业史，他们积攒的每一分钱都往家里寄，他们学到先进的"西洋"文化都带回家乡，海内外乡亲同心协力用"侨文化"构建着黎塘人最美的家园风景。

黎塘村有37栋碉楼，这一数量，不仅是无可争议的恩平村级第一，在整个广东省乃至全国村一级都是罕见的。此外，黎塘村还是恩平"侨建"的第一个通电话线路的村落，创办了恩平第一本侨刊，拥有恩平第一间侨联大厦、第一个汽车客运公司、第一个公园"菊东公园"等。在那鳞次栉比的"侨屋"门口，那些犹如家训般的楹联深刻表达了黎塘"侨文化"特色，如"世界大同，家庭自治""国权发展，民风维新""厚德载福，和气致祥"……如今为推动物质文明和乡风文明建设，黎塘人又独具慧眼，建起了村史馆、张瑞芬纪念馆，让侨乡文化熠熠生辉，世代传承。

1921年，张瑞芬从家乡广州培道女子中学毕业，她通过中国教育部考试取得了赴美留学护照，从香港乘轮船前往美国旧金山，到达旧金山后，再转乘火车赴洛杉矶。

张瑞芬抵达洛杉矶后，先进入好莱坞圣经学校学英语，刻苦学习了两年，再进入康纳域多利音乐学院进修钢琴，历时三四年。

张瑞芬的家庭充满着浓厚的中国传统文化氛围，而父母和族人又十分开明，老一辈不但要求子女秉承中华血脉，永志不忘家国，还要学习先进的科学技术，出类拔萃，为国争光。温暖之家陶冶着年幼的张瑞芬，为她的成功打下了良好的基础。

1924年，张瑞芬在父亲和家庭的支持下，嫁给父亲的朋友杨观宝，杨观宝是广东中山隆都申明亭人。婚后育有两个女儿，开设了一间生意兴隆的花卉店。

当年，张瑞芬在双亲和家庭的支持下，打破世人对种族和女性的歧见与轻视，毅然转学飞行，成为当时该校唯一的一位女学生。1932 年，张瑞芬以优异的成绩获得美国政府颁发的私人飞行执照，此后分别获得商业、国际飞行执照，从而成为有史以来，集私人、商业、国际飞行执照于一身的第一位华人。她也成为第一位华人女特技飞行员、第一位成功飞越大西洋的华人女性、第一位也是唯一一位参加过近代国际飞行比赛的华人女性、第一位登上美国邮政局纪念首日封的华人。在飞行名人册中，她被誉为"亚洲第一女飞行员"。张瑞芬在飞行方面获得了诸多荣誉，成为航空领域的飞行天骄。

1937 年，张瑞芬响应当地华侨团体的号召，不辞劳苦驾机飞遍全美华人聚居的城市，进行募捐飞行表演，筹款支持祖国反侵略战争。另外，张瑞芬还举办航空图片展览，激发大家的爱国热情，传递抗战消息。同时她还接受国内的邀请，以中英双语飞行员的身份，在美国盐湖城空军基地，培训来自祖国的空军飞行员，为祖国抗日战争贡献力量。

20 世纪初，恩平人冯如因设计、制造和试飞成功中国人的第一架飞机，被尊为"中国航空之父"；而 20 世纪 30 年代的张瑞芬，则以其举世瞩目的飞行成就，无愧于"中国飞行之母"的称号。恩平素有"中国航空之乡"的美称，冯如与张瑞芬，无疑是当地众多航空先驱中最耀眼的明星。

张瑞芬出生在一个充满爱的家庭，这是一个人奋斗成才的关键，家风的影响力是无与伦比的。她为了人类的进步事业，为了祖国的强大，抒发豪情壮志："航空救国，匹'妇'有责。"

莫谓闺中无杰出，一飞直上九重天

张瑞芬一家安稳而和谐的生活，因为 1931 年日军发动九一八事变而骤起波澜。跟所有华侨家庭一样，他们时常通过报纸、电台了解国内的形势，谈论支援祖国抗战的问题。为了抗击日军的侵略，在当时国内缺乏飞行员的情况下，中国政府号召在美国的华人飞行员归国入伍，支援祖国抗战。那时一批热血华人青年响应"航空救国"的号召，纷纷应召回国，或在美国学习飞行以期报国。

受封建时代旧思想的影响，总有人认为："女子难为飞将军。"张瑞芬对于这种轻视妇女的言论感到不平，她反驳说："我看不出有任何理由，中国的女性不能成为一个好的飞机驾驶员。"她还写诗抒发豪情："莫谓闺中无杰出，一飞直上九重天。"她说到做到，成为早期较少中国籍女飞行员之一。

当时，洛杉矶有多所飞行学校，张瑞芬决定到洛杉矶97街的 Gyser Airport 航空学校学习。1931 年 6 月的一天，张瑞芬驾车到学校办公室，要求报名学习飞行，经考试合格获得批准，成为七八十名学员中唯一的女学员。

张瑞芬的飞行天赋很高，在 6 个月的学习时间里，实际驾机飞行只有 12.5 小时，她就被批准单独飞行。她每天上课半小时，直至能够进行快翻筋斗、慢翻筋斗、旋冲、俯冲、打圈和进行云雾飞，飞行动作娴熟。

经过从华盛顿来的负责发放飞行执照的监督员考核，张瑞芬全部科目合格，成为该批学员中第一个考取私人飞行执照的人，也是在美国取得飞行执照的第一个中国女子。

1934 年 4 月，张瑞芬被美国著名的"99"妇女飞行俱乐部（美国妇女航空协会）吸收为会员，是该会唯一的东方人，其他会员都是白种人。1935 年，张瑞芬加入美国国籍后，又考取了商业飞行执照，1937 年，她再次通过笔试，获得飞行教练执照。张瑞芬成为在美国取得私人、商业和飞行教练三个执照的唯一华人。

20 世纪 30 年代，张瑞芬在美国参加过多项飞行比赛。1935 年 10 月，她参加从哥伦戴尔到圣地亚哥的妇女飞行比赛，

莫谓闺中无杰出，一飞直上九重天。

张瑞芬

张瑞芬在起飞前

这是她第一次跨州飞行，荣获第四名。1936年3月，张瑞芬参加庆祝奥斯纳机场启用举行的洛杉矶至奥斯纳女子飞行比赛，取得第二名。

1935年10月29日，为表彰张瑞芬在飞行方面取得的骄人成绩，为祖国和华人争了光，南加州华侨捐款2000美元，向洛杉矶美洲华侨航空协会购买了一架双座小型飞机，洛杉矶壮丽花园餐馆老板黄兴太太作为代表，在长滩机场赠送给张瑞芬。

航空救国，此生无悔

1936年8月5日，为了明志和唤起美国华侨支援航空救国行动，张瑞芬驾驶父母购买的"张瑞芬"号飞机，沿美国西海岸长途飞行到旧金山美路斯机场。闻讯而来欢迎张瑞芬的民众人山人海，她向在场的侨胞发表演说："鉴于祖国多事之秋，认定航空救国为唯一之目标。仍望将来有机会，飞返祖国，效力疆场，以尽匹'妇'救国之责，庶不负我怀抱。"其间，张瑞芬驾机升空向观众表演翻筋斗等多种飞行特技，引起轰动。张瑞芬还依次邀请10多位男女侨胞乘机，在旧金山海湾上空巡飞，向侨胞致意；当张瑞芬驾机飞临唐人街上空时，有华侨燃放鞭炮庆祝。8月9日，

世界杰出女飞行家张瑞芬塑像

张瑞芬飞返洛杉矶，行前在侨报登出《张瑞芬启事》，"敬启者：航空救国，小妹生平志愿，况国难当前，更需急图挽拯……"她计划返回祖国，开办一所航空学校，培训更多的抗日飞行员。

1937年7月7日，日军制造卢沟桥事变，实行全面侵华，同胞惨遭蹂躏，张瑞芬义愤填膺。她不辞劳苦，驾机飞遍旧金山、芝加哥、圣地亚哥等华人聚居的城市，宣传航空救国。每到一地，她向民众表演特技飞行，并向侨胞发表演说，举办航空图片展览，激发大家的爱国热情，还进行募捐，得到各地侨胞的积极支持。后来，张瑞芬将原来的旧飞机卖掉，加上华侨筹集的7000美元捐款，购买了一架"莱恩·ST"教练机，作为自己回国开办航空学校、培训航空人才之用。1938年10月，所购新机运抵洛杉矶，一位学员擅自驾驶这架教练机升空，降落时不慎把飞机撞毁了，他本人也因此伤重去世。这次事故，致使张瑞芬回国办航校的夙愿落空，她觉得愧对热心支持自己的侨胞，抱憾终生。

第二次世界大战期间，拥有满腔救国热血的张瑞芬，因为要照顾生病的父亲等多种原因，未能归国参加抗战，但她在美国开展了很多支援抗战的工作。她驾机飞遍美国华侨聚居的城市，向侨胞演讲，传递抗战消息，发动募捐，筹集物资支援国内战事，作出了应有贡献。1937 年，一批中国空军人员在美国盐湖城空军基地受训，张瑞芬受聘为飞行教官，担任领航和教授气象学等工作。张瑞芬实践了她"国家兴亡，匹'妇'有责"的誓言。

骄人成就，崇高评价

作为一介女子，在异国他乡，在种族歧视和男女不平等的时代，张瑞芬在飞行方面取得世界瞩目的成就，实属非凡。

1976 年，张瑞芬获得洛杉矶美国亚裔雇员协会颁发的"奖给 200 周年先锋张瑞芬"的奖牌。1983 年，美国中央图书馆展出早期航空照片，张瑞芬的照片被单独安排在一个展室，体现了她非同一般的地位。1984 年，洛杉矶国家广播电台开设专题报道，介绍张瑞芬等杰出华人的事迹。1984 年 10 月，南加州华人历史学会授予她"献身当代之妇女"的光荣称号，并向张瑞芬致敬。美国华盛顿史密森博物馆，保存有张瑞芬特技飞行的全套录像带，在飞行名人册中，她被誉为"亚洲第一女飞行员"。在美国洛杉矶公共图书馆，收藏有张瑞芬翱翔蓝天的完整资料。1992 年 6 月，美国堪萨斯州艾奇逊市举行世界女飞行员大会，鉴于张瑞芬对祖国的热爱和对航空事业作出的贡献，主办方邀请张瑞芬出席大会并发言，向她颁发荣誉奖状；主办方在艾奇逊市的国际友谊林中开辟一条纪念路，路旁安置包括张瑞芬在内的一批航空航天杰出人士名牌；在张瑞芬名牌附近划出地方，给她种植一棵从中国运来的树，作为中美友谊的象征。为庆祝美国妇女获得投票权，洛杉矶邮政局把张瑞芬 1931 年登机时的照片，印制成首日封发行，张瑞芬成为被美国邮政局发行首日封的第一位华人。张瑞芬的事迹，在美国特别是在加州被广泛宣扬。在文艺方面，1980 年拍摄有电影短片《在云间》；1990 年编排有舞台剧，制作有动画片和连环画。2012 年，在旧金山上演了以张瑞芬为原型的舞台剧《飞翔，张瑞芬的故事》。2013 年，华裔制片人梅展鸿先生，与几位好友搜集资料，历时 3 年制作了一部名为《女飞行员张瑞芬的故事》的纪录片，于 2016 年 9 月 1 日在洛杉矶长滩电影节上映，获得"观众奖"。

"张家有才出黎塘，壮志奋斗铸族魂。"这是人们对黎塘家风乡风的最美评价。张瑞芬是黎塘第十五代子孙，她出生在并不富裕的农家，十四五岁的时候就离开家乡求学务工。张瑞芬漂洋过海到美国，为了求学有成，半工半读，为了保证完成父辈寄予的厚望，心无旁骛，刻苦努力，完成学业。她在人生路上能够拼搏成功，首先是下定决心，坚持正确的人生方向，世事无常志向不变。

心系家国，别无他念。张瑞芬虽然十几岁时就移民美国，直到终老，但她时刻不忘自己的根在中国，一直魂牵梦绕，并为祖国的和平和发展作出应有贡献。

身处异国，不忘故乡。张瑞芬一家念念不忘故乡，家人定下规矩，进了家门，就得讲故乡的话。张瑞芬让女儿读中文学校，在家里与她们讲中国话，她还希望孙儿们在家里也讲中国话。后来，张瑞芬的大女儿成为一个学校的校长；二女儿是个画家，她们都不遗余力地传播中华文化，把良好的家风带到世界每一个角落，这是华侨文化生活的亮点。

不改初衷，关心祖国的飞行事业。1934 年 9 月，广州报纸刊出《世界女飞行家到香港视察各国女子飞行状况》的新闻。报道张瑞芬回到香港参加活动，另外介绍张瑞芬在上海成立航空协会支会的计划。

1981 年，张瑞芬在女儿的陪同下回香港探亲，受到旅港恩平黎塘同乡会的热烈欢迎和款待。当年香港"丽的"电视台曾经特邀她做节目，讲述她的飞行故事。

张瑞芬很想念家乡恩平和乡下的亲人，不时有书信往来，并力所能及支持公益活动，还被聘为黎塘同乡会的名誉会长。1989 年 4 月，85 岁的张瑞芬应中国航空学会邀请，偕同家人亲友回国观光。首站就是回到阔别已久的家乡恩平，她受到乡亲和县政府的热烈欢迎。在与家乡干部群众和学生的谈话中，张瑞芬表示："真想有机会坐一坐中国自己设计制造的飞机啊……我把重新上天的希望寄托在年轻一代身上，让祖国年轻的飞行员带着海外亲人的理想，在祖国的广阔天空翱翔……中国的光明前途靠年青一代去争取，中国的国际地位也靠年青一代去提升。"这是黎塘女儿的心里话，值得我们永远铭记学习。

张瑞芬先后到桂林、西安、北京、南京、上海、杭州、广州等城市参观、访问、讲学，受到人们的尊重和热情欢迎。张瑞芬故国行，全国各地新闻媒体对她的参观活动进行全程报道，中央电视台和广东电视台做了录像报道。张瑞芬看到祖国城乡的巨大变化，激动不已。离开祖国多年的张瑞芬，仍能讲广州话，她的两个女儿虽然生长在美国，但可以用广州话和乡亲对话，十分亲切。

张瑞芬于 2003 年 9 月 2 日在家中安详辞世，享年 99 岁。让我们记住这位在国际航空史上熠熠生辉的炎黄子孙，向热爱祖国、为祖国和华人赢得荣誉的飞行天骄张瑞芬致敬！

在黎塘家风中，时代亮色非常鲜明，处处体现出侨乡人民对民主自由的追求。家风多以楹联形式刻写在门口，激励着每一个家庭成员，让家人时刻得到为家为国的思想正能量。族人自觉形成男女平等和勇于拼搏进取的精神，这是黎塘人家风教育的突出之处。张瑞芬就是这样的一个楷模。她说到做到，最终成为影响世界的女飞行员。张瑞芬的豪言壮语永远在恩平人民的耳畔回响，她的格言和事迹给黎塘家风注入了最美的元素。

张瑞芬另一个可贵的品格就是此生为家国，永志不变。"航空救国""航空强国"的光辉思想照耀着她的一生，是她矢志不渝的人生实践，就算因年迈而离开了蓝天，她依然到处传播中华民族实现飞天梦的伟大精神。

为了表彰她对祖国和族人做出的贡献，弘扬她的伟大精神，黎塘村村民铸造了张瑞芬铜像，建立张瑞芬纪念馆，整理张瑞芬的事迹，供后人学习，激起族人的自豪感，推动创建新家风和乡风。

桑梓情深同心修路，好家风继往开来

一走进东成镇六斗田村，人们便看到一面庄重的家训墙，墙上一笔一画书写着卢氏家训，时刻警醒着村民。这是极为少见的，对族人影响甚大，十里八乡一时传为佳话。在弘扬家训的实践中，当地人民自古团结一心，乡贤一呼大家响应，从古到今这里的"同心路"突显侨乡人民的凝聚力，成为美好的家风建设的亮丽名片。人们不会忘记这条连接六斗田村和横岗头村约 200 米长名叫"同心路"的村道。一直以来，两村因历史原因，对在该地修建村道未能达成一致意见，村民只能绕远路，十分不便。为彻底解决两村分歧，党员村干部、村中乡贤主动介入，充当"和事佬"，奔走在两村之间做思想工作，终于让两村放下成见达成共识，共同筹集资金修缮村道，并将此村道命名为"同心路"，表达了两村以后同心同德、共同发展的心愿。卢世祺作为村里的华侨代表，牢记祖训富不忘桑梓，为家乡建设出谋划策和捐款，联系东成各村，在 20 世纪 30 年代初修筑恩平著名"同心路"企南公路。

东成镇六斗田村

国难当头，"同心路"引出一串侨乡佳话

卢世祺，是一位旅美华侨，也是企南公路公司的董事长。1866 年，卢世祺出生于东成镇六斗田村。父亲卢万尧生五子，他排行老大，家境贫穷，18 岁就去君堂一间食品店做厨工，得微薄收入帮补家庭。卢世祺 23 岁时带着两套旧衣服独自漂洋过海谋生，几经波折才到达美国檀香山。人生地不熟，举目无亲，卢世祺初时从事艰苦的体力劳作，先在码头当搬运工，后来认识了几位华工兄弟。由于不怕苦，又乐于助人，卢世祺被一位四邑兄弟介绍到一间华人开的杂货店当厨工。他不顾劳累，除了做好厨工事务外，又自觉帮助店主做其他杂工，不讲报酬，深得店主的赏识。店主见他为人正直，诚实厚道，且一表人才，劝卢世祺独立经营小生意。于是，店主给卢世祺结算了三年的工钱，并奖励了他一个月的工钱。这样，卢世祺就有了资本经营起小生意来。因他为人厚道，经营有方，他的生意兴隆，渐积小财。卢世

祺 28 岁回国成家立室，次年又回檀香山，生意日渐扩展。卢世祺 45 岁时携带五弟卢世滚一齐出国。他和五弟同心合力发展事业，财富渐增。当时孙中山先生多次在檀香山演讲，阐述实业救国等道理。卢世祺每次都带着两个侄子去听演讲，一个是他四弟的独生子卢传铭，是飞载国共和谈代表的飞行员；另一个是五弟卢世滚的大儿子卢发喜，是在第二次世界大战法国诺曼底登陆空战中光荣牺牲的中尉飞行员。孙中山先生的革命道理让卢世祺深受感动，他暗下决心，努力发展事业，希望有朝一日，回国兴办实业，用实际行动响应孙中山先生实业救国的号召。

经过多年打拼，卢世祺有了丰厚的积蓄。思家心切，卢世祺回到了家乡，海外游子回到家乡也没有停下回报社会与家庭的步伐。"筑路，路通财通，海内外同心同德建设家乡，家乡才有希望。"卢世祺是这么说也是这么做的。1928—1929 年间，华侨商人梁毓谋、梁毓迈联合发起筹建企南公路时，相邀卢世祺参与，他欣然应允，并出巨资成立公司。筹办组见他挺身而出，推选他为企南公路总办。企南公路起于恩城，经水流坪、沙片、税厂、横槎水、塘洲、獭山、绵湖、东成圩、均安市、石潭、棺材岭，直达开平企山海，全程 35 公里。筑路过程遇到种种困难，尤因涵洞工程所需费用数额甚大，资金不断出现缺口。

同心路

卢世祺再度掏空家底，终使该路于1930年建成，并于次年正式通车。卢世祺劳苦功高，大家一致推选他为企南公路公司董事长。抗日战争时期，公路被毁。新中国成立后政府加以恢复。当年的企南公路成了恩平的主要公路，并且发挥着让城乡致富的巨大作用。人们永远不会忘记这条"同心路"。

卢世祺是一个做大事必定有主心骨的人。每当深思熟虑后，他便果断行动，从不首鼠两端，做一事成一事，特别是为家乡做事，义不容辞，挺身而出。卢世祺所积蓄的钱财，基本上都用在了企南公路的开发上。他认为家乡的事就是自己的事，穷人的事就是自己的事。这里让我们看到了华侨卢世祺家风活的灵魂，在卢家美好家风的熏陶下，在卢世祺的直接影响下，卢家还出了两位为国争光的战斗英雄——卢传铭和卢发喜。

为家为国是本分，最美品格光彩照人间

卢传铭，乳名卢九，旅美时期半工半读，进入美国加州州立汽车学校学习机械、机器修理专业。归国后，卢传铭被聘为广东航空学校教官。抗日战争期间，卢传铭的主要任务是护送空勤和地勤人员。新中国成立前夕，他在香港参加了中国航空公司和中央航空公司的"两航起义"。

卢传铭幼年随母到香港，两年后，经大伯父资助船票，10岁就旅美，半工半读。卢传铭毕业后，用100美元买了一辆旧"福特"汽车，和卢发喜兄弟二人合作将它修好，把它作为工作和学习之用。接着兄弟二人一起学习气象、航行、航空技术。在机场，兄弟二人认识了邓粤铭和美国退伍军人吉米。邓粤铭先生是爱国将领，十分器重空军专业人才，经他和吉米沟通，吉米很乐意和兄弟二人结交朋友。吉米是第一次世界大战时的上尉飞行员，飞行技术很好，兄弟二人从他这里学到了难度较大的飞行技术。后

来，兄弟二人经常修理旧飞机，摸透机械性能，提高了修机技术，飞机的发动机一响，二人就能听出机器是否正常，是什么机件出现了毛病。

卢传铭塑像

在美期间，兄弟二人经常和大伯父卢世祺一起听孙中山先生的演讲。他们深受孙中山先生爱国思想的影响，开始立下航空救国的理想。后来卢传铭结识胡俊、关公培先生，经他俩的介绍，卢传铭于1930年加入中国国民党，从此立志为祖国作出贡献。同年邓粤铭先生从祖国来函，请求其回国效劳，他毅然决然答应。归国后，卢传铭被聘为广东航空学校教官，不久，被调去广西梧州讨伐张桂联军。有一次，在桂粤湘边境侦察敌情时，卢传铭驾飞机深入敌方的战略要地，被对方击中油箱，滑翔几公里，跳伞脱险。回来后，其被调回广东航空学校续任教官，不久被派去炸飞鹰舰，他断然拒绝。

1933年，十九路军爱国将领李济深、蔡廷锴不满蒋介石反共反人民，攘外必先安内的政策，在福州成立人民政府，举旗反蒋抗日。他得悉这一喜讯后，决然赴闽参加革命，深得李济深的信任，卢传铭被任为专机飞行员。抗日战争爆发后，国共合作建立抗日民族统一战线，他又加入了中央空军，主要任务是护送空勤和地勤人员，将前方伤兵运到后方医院医治，把作战物资、药品和款项运往前线和游击根据地。其间，他受了两次伤，一次是在南昌遭遇空战，敌机一批接一批包围过来，由于机载物资很重，为了保护物资，避开敌机追赶，卢传铭急降密林山沟，受了轻伤。另一次是长沙空战，由于敌机比预警来得快，飞机刚起离地面，就被敌机击中，着了火，卢传铭马上跳出舱外，遭敌机疯狂射击，未被击中，受了点轻伤。伤愈后不久，卢传铭被调到昆明军官学校和新疆伊犁轰炸总队任飞行教官，为抗战培养了大批飞行员。1941年，其被调到贵阳空军第一汽车修理所当所长。当时美国援华的大量抗日物资，是通过滇缅公路运来中国的。这条公路开辟在群岭密林中，绕山盘曲，途经昆明、贵阳，再转运四川、广西等地，然后运到前线作战部队，每天有一千多辆汽车往返运输。他接受任务后，为了加强运输管理，招收了一大批技工，在运输途中，车坏即修，大大地提高了运输的能力，有力地支援了前线。

抗日战争胜利后，卢传铭被调到重庆空军交通处任督察。1949年春，卢传铭两次从上海和南京飞送国民党和谈代表颜惠卿、邵力子、江庸、章乃器等到北京谈判。有一次，在南京飞送国民党和谈代表以及傅作义、邓宝珊等到石家庄后，转乘汽车到河北省平山县西柏坡时，卢传铭受到毛主席和周恩来的接见。

南京解放前夕，他由上海飞载孙科、吴铁城及其家属到广州后转飞香港。1949年仲夏，其父仙逝，卢传铭正在香港谋划参加中国航空公司和中央航空公司的"两航起义"，他因没有见到父亲最后一面而深感内疚。是年11月，其回上海做民航工作，直到1972年退休。

胸怀祖国放眼世界，血洒长空英气烈

卢发喜，卢传铭的堂弟，8岁时，其父为他取得赴美护照，到了美国半工半读。卢发喜十几岁和堂兄卢传铭在美国加州州立汽车学校学习机械、机器修理。

后来，卢发喜在檀香山上学读书，不久入了美国国籍。在美国，卢发喜常常想起家乡。那时家乡民不聊生，贼人四处出没，经常打家劫舍。爷爷卢万尧被贼人掳走勒索钱财之事，卢发喜记忆犹新。少年时代，他就懂得了很多爱国道理。他认识到中国人民的苦难，主要是北洋军阀和帝国主义者造成的。只有建立一个独立富强的中国，人民才能得到自由和幸福。他和堂兄卢传铭以及父亲、伯父曾多次到檀香山现场聆

卢传铭（中）

听过孙中山先生的演说。孙中山的革命思想在美国华侨中得到了广泛的传播，并受到了广大华侨的热烈拥护。孙中山先生提倡"航空救国"，这对卢发喜和堂兄卢传铭影响尤深，因此兄弟二人下定决心学习航空技术，当时卢发喜十五六岁。

1936年11月，德国和日本签订了《反共产国际协定》。第二年，意大利也参加了进来，德、意、日三国结成了法西斯同盟。世界大战的一个策源地在欧洲形成了。1931年9月18日，日本对我国发动了九一八事变，世界大战的亚洲策源地形成了。1937年7月7日，日本发动全面侵略中国的战争。第二次世界大战全面爆发后，美国大量征兵抗战。卢发喜接到邓粤铭先生鼓励他回国效力的来信。卢发喜入了美国籍，因此在美国应征入伍。由于飞行技术很高，应征入空军训练一个月后，卢发喜就成为一名出色的战斗员，被编入美国太平洋舰队的航空机队。1941年12月7日，日本对美国珍珠港发动突然袭击。卢发喜的战机在震天撼地的爆炸中起飞迎击。卢发喜沉着机智，英勇善战，驾着战鹰像把利剑一样冲向日军的密集机群，击落击伤日机各一架，立下了赫赫战功，荣升为空军少尉。

卢发喜参加了著名的法国诺曼底登陆战。战斗非常激烈，他

在空战中奋勇冲杀，击落敌机一架后，突然发现两架友机被敌机包围，就火速发炮猛射，掩护友机脱险，而他的战机不幸被尾随的敌机击中，卢发喜在这次战斗中壮烈牺牲，年仅 34 岁。

一个真正意义上的人，活着总有个模样。卢家的家风非常朴实，家教也很是

卢发喜

朴素，但对后人影响很大。卢家人勤奋、善良与忠诚，热爱祖国，为家为国不辞劳苦，胸怀祖国，放眼世界，这是最难能可贵的。卢世祺憨厚、慷慨，不看重钱财，只看重人品，家乡的事就是自己的事，穷人的事就是自己的事，常怀同情与怜悯之心，做到怀德不露，尤为可嘉。而他更热衷孙中山先生的民主革命进步思想，还带领后辈接受教育，用心良苦。这决定了卢家家风对家人，特别是对后人有着深刻的影响。有了良好的家风，卢传铭与堂弟卢发喜的正义感被激发出来，对敌人同仇敌忾，对祖国、对人类有高度的责任感，这就是家风的力量。可他们为人低调，不张扬，卢传铭退休后，默默做有益社会的事情。

现在，受卢氏家风的影响，更受"同心路"精神的影响，村

民得到了很好的启迪。村民非常团结，和睦相处，共同致富，这一事迹影响了海内外，可见家风建设意义非凡。

第五章 | 橡胶林溢出时代精神，一代知青哺育好家风

　　一个特殊的年代，一段特别的历史，一群知青创造了一个独特的"集体家"。后来"家""散"了，但美好的"家风"还在，而且代代相传。那片橡胶林溢出的时代精神，概括起来可谓是一种集体的信仰。集体的信仰酿成了一个时代的"集体家风"，这体现在知青们共同的工作和生活实践中。思想政治上，他们一起学习毛主席著作，将毛泽东思想作为行动的指南。革命事业上，他们做到有条件上，没条件创造条件也要上，用思想和智慧"把不可能变成可能"。在橡胶林的种植过程中，破除迷信，解放思想，打破了苏联专家的论断。通过科学技术的改革，通过勤劳的双手，他们种出一片纬度最北的橡胶林，获得了当时国家科研一等奖，把不可能的事情变为国家成就，创造了时代辉煌。同时在生活和劳动中，知青们都是家庭成员，团结互助、忠诚友爱、集体同心、同甘苦共患难、进取向上、自信乐观、敢闯敢干、勇往直前，不达目标不罢休。"家"的生活很温暖，很丰富。在"集体家风"的激励下，大槐这片土地不断地创造奇迹，而且越来越散发着它的魅力，让大槐这片土地日益繁荣昌盛，给社会、给子孙后代带来无穷的福气。

橡胶林中的知青家园，把不可能变成一个时代的最美

大人山下，有一个美丽的地方，它就是广东省恩平市大槐镇。这里有一片红黄色的土地，那是莽莽苍苍的丘陵地带，土地十分贫瘠，人称"恩平的黄土高原"。北纬22度线穿过这里，离南海不远，这里受副热带高压影响，夏季台风较多，秋冬季节干旱，北风狂吹，严重影响人们的生产和生活。因而这里的村民世世代代有与困难做斗争的智慧和本领，有着善于克服困难，改变贫穷落后的勇气。

大槐华侨农场始建于1959年10月，曾与大槐公社"三并两分"。1960年6月，国营大槐农场与大槐公社第一次合并，统称大槐人民公社；1961年3月，场、社分开；1966年8月，其再与大槐公社合并，统称广东省国营大槐农场。现在是大槐镇，一个十分美丽的中国南方小镇。为什么能有如此骄人的发展，这片"恩平的黄土高原"正在不断地激励着人们拼搏奋进。人们总

橡胶林精神：把不可能变为可能

是在传颂着一片橡胶林和与它有关的知青家园的故事。

眼前山不高，面包一样散落四周。山上山下的橡胶林郁郁葱葱，林荫道像缎带一样飘动在山沟。如果没有路标指引，陌生人肯定会从那里进去转一圈又回到起点，找不到目的地是常事。这不是因为橡胶林很大，而是浑圆的山丘一个接一个，而且道路狭窄相通，像脉络一样连成一体。

这里，有一片中国最北的橡胶林，在这里仍可以找到一排两层的小楼，那是当年的知青楼。这座20世纪60年代建筑的混合结构的小楼，早已经换了主人，用途也改变了。它被赋予新的内涵，成了"恩平黄土高原橡胶林"知青创业的文化展馆。一进展馆门，醒目的一行大字金光闪闪："把不可能变为可能！"这是展馆的主题，这里究竟发生了什么奇迹，有着怎样精彩的故事，让人们得出这样鼓舞人心的哲理呢？

这里最应大书特书的是当年从大城市来的知青。1964—1977年，大槐农场先后安置了多批次的广州知青和汕头知青。他们虽然号称知识青年，但大部分只获得初中或高中教育，尤其是1965—1966年安置的广州知青，大部分仅上过两三年小学，而且年龄偏小，但这并不影响他们在农场开荒垦土，种橡胶、栽剑麻，为农场的发展披荆斩棘。农场的荒山野岭，曾经回荡着知青们激越的歌声，农场的每一片土地，知青们都挥洒过热血和汗水。

这片橡胶林是知识青年上山下乡的产物，山坡上这座小楼是知青集体的家。橡胶林的存在早已不是为了割树采胶了，甚至没有一棵树身上有新的"疤痕"，那旧时留下的割胶创伤已经成为历史的纪念。一棵棵硕大的橡胶树笔挺挺矗立在山坡上，成就了一个名副其实的观光林。每一棵不会说话的树上溢出的不再是洁白无瑕的橡胶汁液，而是一种不朽的精神。当年，这片贫瘠的黄土地被国外的权威专家判定不适合种植橡胶，即使种出来橡胶树，树也是不产胶的。可是这些从大城市来的、毛手毛脚的知青偏偏不信邪。经过多年的奋斗，他们硬是把一个国家科技发明一等奖扛了回来。这事情究竟是一帮怎样的知青创造出来的？让我们走进知青楼这个集体的家，看看当年有什么故事留下。

知青的家是一个时代的产物，百家姓的孩子从大城市汇集在知青楼里，组成了只有那个时代才有的"集体家"。这是一个很暖人的大家庭。家中分为几个战斗队，所有的队长都像父母一样，既管"孩子们"的工作又管生活。知青们在这个大家庭里生活十分愉快，工作勤奋，人人健康成长。

20世纪70年代，大槐农场知青参加生产劳动

"集体家训"有益于家与国的千秋万代

说起大槐农场的知青楼，那是一段定格的历史。当年的知青队长关锦华说："大槐农场的知青楼是特定的历史环境下的产物，广大知青曾经为农场的发展不遗余力地贡献了力量，希望好好保护知青楼，让更多的人知道这段历史、记住这段历史。"

我们怀着崇敬的心情走进知青楼，只见一面墙上写着的毛主席语录隐约可见——

"农村是一个广阔的天地，在那里是可以大有作为的。"

"我们都是来自五湖四海，为了一个共同的革命目标走到一起来了。我们的干部要关心每一个战士，一切革命队伍的人都要互相关心，互相爱护，互相帮助。"

"我们的同志在困难的时候，要看到成绩，要看到光明，要提高我们的勇气。"

"自己动手，丰衣足食。"

另一面墙上的"学习园地"还清晰可见。这样的园地可是当年上山下乡的知识青年表达思想情感的地方。那时大家在上面贴满了学习的心得体会，还有向党表忠心的文章，也有向组织向父母汇报自己在劳动中锻炼进步情况的书信，可谓集体的家书、集体的家训。

第一个"吃螃蟹"的人，用言行锻铸出时代青年敢试敢闯、敢为人先的精神

创新大王区显擎

"年方十七已离家，壮年三十显风华，橡胶北移成功日，丰硕成果报国家。"这是年轻而血气方刚的区显擎为知青的家写下的豪情万丈的诗篇。

1964年，广州第一批知识青年43人下乡来到国营大槐农场。至1976年，大槐农场先后接收、安置广州、汕头、恩平知青1200多名。他们战天斗地，成为建设大槐农场的生力军。当初农场主要种植亚热带作物剑麻等。知青们响应祖国号召，陆续从五湖四海来到这穷山沟，把这里变成了一块热土。

在大槐这片热土，一代又一代侨场人，为国分忧，吃苦耐劳，

踔厉奋发，为大槐农场的发展作出不可磨灭的贡献。新一代侨场人正迎来祖国发展的新时代，搭乘祖国发展的高速列车，奋力前行，不负韶华。

一个时代有一个时代的精神气质。时至今日，"橡胶林精神"承载的不仅仅是侨场职工的奋斗岁月，更是开拓、创新、包容的大槐精神。如今，大槐这片热土正迸发着巨大的能量，从曾经荒芜的偏远洼地，

大槐农场知青种植橡胶树

到当前勇立潮头的"智造"新高地，折射的正是把"不可能变为可能"的深刻蜕变。

奋斗正当其时！当前，大槐正在高质量发展的道路上全速奔跑，未来，大槐将以更大的努力、更坚定的行动赓续"橡胶林精神"，以积极奋进、斗志昂扬的姿态全力推动高质量发展取得新的成效。时光荏苒，曾经在这里发生的故事将永远被后人铭记。侨场人自强不息、披荆斩棘，用勤劳的双手，凭着一腔热血开荒耕作，在这里度过了人生最美好的年华，在创造出物质财富的同时，更是创造出了攻坚克难、锲而不舍、把不可能变为可能的"橡胶林精神"。

区显擎，1941年出生于江门潮连。曾师从中国橡胶育种事业开创人之一的刘松泉教授。20岁的时候，他被分配到国营大槐农场，成为橡胶北移成功的领军人。人们赞扬他是"大槐橡胶林之父"，凭着对红土地的热爱，凭着对祖国橡胶事业的期待与追求，他带领着一茬一茬的知青们，共建知青楼，共植橡胶林。

他第一个响应国家号召来到大槐发展橡胶事业，是第一个培育本地橡胶苗的人、第一个种植橡胶树的人、第一个在大槐橡胶林采胶的人。

当初，不但外国专家否定这里能种植橡胶，工人们也认为这里土地贫瘠，下半年干旱，寸草不生，种植橡胶不一定能成功。见到大家犹豫不决，他说："路在脚下，走出第一步才能判断第二步，这条路我们走定了，射出的箭就没有回头之理。"之后，他凡事身体力行，先行先试，敢字当头，直到第一棵橡胶苗种下，直到第一滴乳白的橡胶汁液滴在胶桶里，直到获得国家发明奖励。

大槐农场人凭借敢试敢闯、敢为人先的精神，为国家的产业发展提供了充足的橡胶原材料，取得了一系列里程碑的成绩。1970 年 9 月，大槐农场首次进行橡胶试割，成功制成第一块风干胶片。1975 年，大槐农场年产干胶片达到 830.5 公斤。1982 年 10 月国家科委授予大槐农场国家发明一等奖。

1985 年 3 月 2 日，《今日中国》（中文版）刊登了橡胶树移植成功的消息。

那时候，知青们心中都燃着一把火

知青莫锦华，从小生活在繁华的广州城里，17 岁被安置在大槐农场。那时他身高仅 159 厘米，还是一个半大孩子，但经历过农场艰苦的劳动后，他在 22 岁当上了生产队长。

整整 46 年以后，莫锦华依然清晰地记得自己是在 1974 年 2 月 18 日落户在大槐农场的。当时兄妹三人中，哥哥已留城，姐姐已下乡，按照当时的政策，一个家庭只能有一个留城名额，再加上父母都是企业干部，更应该起带头作用，所以莫锦华必须到农村去。

到了大槐农场，莫锦华被安置在四区四队，跟他同一批安置

知青们在橡胶林开会

在此的共 11 名知青，9 男 2 女。队里很少有本地职工，几乎全是广州知青。莫锦华一打听，才知道这些知青大部分是 1964—1965 年就被安置在农场的，不由得心里凉了半截。他们在这里待了 10 年都回不了城，莫锦华心里顿时一片迷惘。

队里没有自来水，更没有通电，当时正值冬天，晚上莫锦华草草地收拾了一下，就吹熄煤油灯上床睡觉。一觉醒来，面对陌生简陋的集体宿舍，他有点茫然，不知道自己身在何处。但就算是这样，莫锦华也没有想过要退缩，因为他知道没有退路可走。莫锦华说，他是家里最小的孩子，父母一向疼他最甚。知识青年上山下乡是大政策大方针，他不能因为自己的思想不稳定而让父母牵挂，更何况，下乡的时候父母已经跟他说好了，不会让他在生活上受委屈。

当时刚安置在大槐农场的知青，每个月的工资是 22 元，莫锦华的父母会另外给他寄 10 元补贴他的生活，这样就能保证他每个月有不少于 30 元的生活费。这在知青当中，算是经济上比较宽裕的了。

四区四队是专种橡胶树的，知青们每天都要挖橡胶坎。橡胶坎是四四方方的坑，要求深度是 1 米，边长均是 80 厘米。队里的任务，是每天每人要挖 8 个橡胶坎。对于一个在城市长大、从未摸过锄头的人来说，这是非常艰巨的任务了，可是大家都拼着一股劲，把任务都完成了。

"那时候，我们心中都燃着一把火。"莫锦华感慨地回忆着。他父母所在的企业属于广州市轻工局，他们临出发的时候，局里让他们成立了"金训华突击队"，让他们不管去了哪里都要积极参与当地劳动，不能丢轻工局的脸。那时大家都知道，金训华是一名上海知青，他在黑龙江建设兵团的时候作出了卓著的贡献，局里让他们成立了突击队，是对他们寄予了厚望。

大槐农场知青

挖好橡胶坎后，队里买了橡胶苗回来种。说是橡胶苗，其实树干也有碗口一般粗大了，鉴于莫锦华等人初来乍到，再加上橡胶都是种在山上，队里没有定硬性任务，只给了一个参考值：30棵。

虽然不完成这个参考值也没什么，但莫锦华和他的伙伴们却咬着牙不松劲，硬是把树全部种完了。夕阳西下的时候，他们拖着疲惫的躯体，眼巴巴地盼望着老天爷能下一点雨，如果不下雨，他们就要到山下挑水浇橡胶树。

那是一段既考验体力更考验毅力的艰苦日子，但"金训华突击队"的队员们都成功地熬过来了。在日复一日的长期劳作中，莫锦华黑了，也长高、长壮了。炎夏来临的时候，莫锦华已经长成了一个典型的农家汉子。

战斗队长不能哭，知青的精神就这样炼成

"忆往昔，峥嵘岁月稠。"1978—1979年，大槐农场接收、安置了大批越南难侨，更名为广东省大槐华侨农场。在多文化的

融合中，侨场人团结协作，砥砺前行，在这里度过了人生最美好的青年时代，用青春年华和热血把荒芜的大槐农场建成了美丽和谐的家园。在农场各处，知青们被分成各个小队，称为"战斗队"，比如青松战斗队、雄鹰战斗队、创业战斗队、劲松战斗队，还有金训华战斗队……

在农场，最初的新鲜感过后，知青们要面对的是艰苦的劳动和想家的煎熬。每天早上6点，场里便敲响了起床钟，简单洗漱后知青7点下地干农活。一天只吃两顿饭，早餐是没有的，一直干到9点直接吃午饭，午饭后继续干活到中午12点，休息一会后继续干活，直到下午5点才收工，然后吃晚饭，结束一天的劳作。

战斗队的知青们都是16—18岁的青少年。在广州城里的生活虽然说不上养尊处优，但毕竟一日三餐有保证，而且生活环境也比农场要好得多，哪里受过这种苦。第一天收工回来，吃了简单的饭食后，便有知青躲在被窝里哭。

唐志英也想哭，母亲还在医院里待着，自己来到这陌生的农场，在外面干活时她是风风火火的铁姑娘，可是独自躺在床上时，听到伙伴压抑的哭声，这个才18岁的姑娘也忍不住悲从中来。但一想到自己是队长，便只能强忍泪水，生怕自己一哭就影响了大伙的斗志。战斗队长不能哭，她咬紧牙关，心里默默地激励着自己。

劳作之余知青留影青山

跟唐志英一样备受考验的，还有副队长罗月明。除了副队长的身份外，她还有另外一个身份——姐姐。她的亲弟弟罗小平也跟着下乡了，而且也同在二区七队，弟弟唯她马首是瞻，她必须要做得更好，才能让弟弟更安心在农场扎下根来。过了两年，罗月明的另一个弟弟罗益中也来到了大槐农场，姐弟三人一起在这片土地上挥洒着他们的青春和热血。

童年的经历让我对弱势群体心怀怜悯

廖树生4岁时，随同父母从越南来到大槐农场生活，受到农场人的帮助和关爱，得以顺利地求学和成长。如今，他的企业已迈进我国行业内的百强，但他对农场的感情依然浓烈如初。廖树生业余时间最喜欢的事便是参加公益活动。廖树生原是大槐华侨农场二区二队人，在接受笔者采访的时候，他感慨地说："因为农场对我们一家人的帮助，令我从小就知道滴水之恩当涌泉相报，当自己有能力时，就想方设法为弱势群体、底层家庭做点事，为社会传递正能量，让社会更加和谐。"廖树生用自己的实践丰富了"知青家风"的内涵，使世人为之感动。

从廖树生上溯四代人就在国外从事种植业了，据说是他祖父的祖父那一辈就从广西迁居到越南了。1978年年末，廖树生一家一夜之间沦为难民。那时廖树生才4岁多，妹妹2岁多，而最小的弟弟出生仅半年。父母带着三个年幼的子女辗转回国，一家人恐惧莫名，不知道等候他们的将是怎样的命运。

1978年年底，廖树生一家被安置到大槐华侨农场二区二队，上级调拨的各种生活物资很快帮助他们渡过了难关，一家人渐渐安顿了下来。二区二队的主要经济作物是茶树和橡胶，廖树生的父母亲在农场人的帮助下，渐渐适应了新的农业生产生活。

家里管理着6亩茶园，采摘茶叶的时候，母亲背着弟弟在茶园里劳作，小小的廖树生也跟着在旁边采摘茶，他是家里最大的孩子，从小就知道父母的艰辛和不容易，这让他养成了善于关心体恤他人的性格。

到了学龄期，廖树生在农场顺利读完小学和初中。作为家中的长子，他从小懂事，就像大人一样承担各种家务和农活，节假日都要上山采摘茶、种植果树。这段经历培养了他吃苦耐劳、不畏艰辛的精神，也让他在以后的学习、工作或者生活中，不管遇到什么困难、挫折，都绝不放弃，坚持到底。

1989年，廖树生从农场中学毕业，考上广东省华侨专业学校，并于1993年毕业分配至江门市化肥总厂。1995年，廖树生调到江门杨氏多层线路板有限公司（中外合资）工作。1998年，他正式辞职脱离国企，与朋友一起创立江门市奔力达电路有限公司，现为总经理。在工作期间，他不断学习，提升自己，通过进修取得大学本科学历，并考取全国会计师资格证书。其创立的公司现在是中国电子电路行业百强企业，从业人员达1000多人。

廖树生的童年、青少年时期都是在大槐农场度过的，那段生活苦中有酸，但却也酸中有甜，给他留下了深刻的记忆。尽管从2003年起，父母和弟弟妹妹都随廖树生在江门定居，但每逢清明和春节假期的时候，他们全家人都会回大槐小住几天，到农场各处走走。大槐农场不但是他们的第二故乡，也是他们的精神家园。

事业有成后，廖树生积极投身到公益和社会事务中，先后担任中国电子电路行业协会理事、广东信用协会副会长等职务。

廖树生认为，每个人一生中都会遇到各种各样的危机甚至灾难，如果能得到来自社会的帮助，困境会很快化解。他常常对人回忆说："当年在我们遇到最大危机的时候，是祖国接收了我们，为我们建造了房子，让我们吃了两年的'大锅饭'，使我们安然度过了人生最艰难的时刻。所以，这样的经历告诉我，为感恩祖国，我有能力就必须帮助有需要的人走出困境。"

2013 年，廖树生加入广东的一个社会服务队，成为一名志愿者，并先后担任秘书长和队长。他秉承低调、务实、严谨、规范的优良传统，以热情、激情、大爱、团结、包容、快乐的心态，帮助困苦中的人们，提携他们创造美好的将来。而这与廖树生的初衷是充分吻合的，童年苦难的经历，让他从小就有一种悲天悯人的情怀。

廖树生的座右铭是：一个真正有爱心的人，是不论贫穷富贵，都会常常做善事献爱心的。这样的行动，一定会影响许多身边人，而这样的善行将会改变贫困人群的现状乃至一生！

这些年，出于一种极其朴素的情感，他有意识地把扶助的力度往大槐镇倾斜，多次在当地开展扶贫救助活动。一次，他在大槐镇为 27 户贫困家庭发放慰问金时，还亲切地用恩平话向受助家庭致以问候。在他的心里，大槐农场永远是他的故乡，大槐人就是他的故乡人。

一双筷子、三个碗、电石灯永远是知青们最为留恋的景致

1981 年，廖国权从华南热带作物学院毕业，被分配到大槐华侨农场。在组织科报到后，廖国权又被安排住在招待所，一住七天，也无人来安排他的工作，他觉得非常纳闷。于是他去到组织科询问，那里的干部也不知道如何安排一个大学生的工作。于是他果断提出要求下基层，到生产队工作，把自己课本上学的知识放在实践中检验。干部觉得惊奇，大学生应该安排在重要工作岗位，不用下基层工作吧？廖国权说："我的专业要求我必须到基层去。"大家用赞赏的目光注视着他。

就这样，第二天一早他收拾行李，那是一双筷子、三个碗、一个肉砂板、一把刀、一个背包、一箱书，叫了一辆小拖拉机，颠颠簸簸下到了二区六队。到队后，队长也不知道这事，不知怎样安排他的工作，他就要求队长安排简单的住处，第二天开始工作。

第二天一早廖国权就与场职工上山检查橡胶树的情况，指导职工管苗圃育小苗。几天后，生产科老崔来了，廖国权就跟他一起走山头，检查工作，了解橡胶园情况，商量近期橡胶园的工作安排。

当年，大槐农场橡胶园已处于大发展阶段，在大槐种什么品种最适合？这一课题正摆在科技工作人员的面前。当时廖国权走遍了已种下的品种胶园，发现不少树受寒害严重，问职工："这些寒害树你们怎样处理？"他们说："砍了当柴烧了。"怪不得，砍的伤口又不规范，次年生出的芽又不选优去劣。于是廖国权立即组织职工集中开会，向他们讲解技术要求，同时写广播稿件，要求场部广播站每天晚上广播半小时《橡胶园管理基本知识》《橡胶基本要求知识》。通过半年的集体技术研讨学习，橡胶管理开始走上规范化，橡胶林长势明显好转。

种植品种方面，廖国权向场领导和生产科技术人员建议，大槐纬度高，要研发"三合树"品种，推广种植，抗寒害，质量高。后来场领导和技术人员同意他的方案，并组织去化州橡胶园学习、参观，同时又到南华植物园研究院去拜访专家，同时参观了人家的研究试种基地。回来后，他们规划了园地，进行"三合树"嫁接和试种，同时安排专业人员观察现场树木生长情况。通过几年研究，他发现"三合树"在大槐站得住脚，并有很好的发展前途。因此，他决定在其他的生产队也大力种植橡胶，橡胶园面积扩大到8000多亩。很快国家相关单位组织有关专家来现场验收。

不久后，国家宣布大槐华侨农场橡胶园种植成功。

这个喜讯让知青们兴奋不已，人人都想成为光荣的割胶工。到了初夏，割胶工们凌晨便走进橡胶园，他们头戴的电石灯如星光闪烁，即便几十年过去了，那片星光依然是知青们最为留恋的景致。凌晨的胶园虽然危险重重，但这却依旧阻挡不了人们的生产热情。割胶是一个既艰苦又需要技术的细心活，刀法不仅考验着割胶工的技术水平，也考验着他们的意志力，但祖国的需要激励着每一个割胶知青。

知青犹如社会主义建设的一块砖，哪里需要就往哪里搬

20 世纪五六十年代中后期，举国上下掀起一股知识青年"上山下乡"的热潮。知青们犹如社会主义建设的一块砖，哪里需要就往哪里搬，毅然选择去往最艰苦的地方，扎根农村，留下了辛勤的汗水，没有辜负老一辈革命家赋予他们的光荣伟大的历史使命。

当时，朱沛尧是十六七岁的花季少年，在命运的裹挟下来到大槐农场，留下了青春和汗水。50 年后再聚首，他们都是六七十岁的老人了，谈起那段知青岁月，他们情难自禁，泪流满面。

那天下午，一行老知青来到前大槐农场，前往"知青楼"寻找旧日的足迹。经过岁月的洗礼，原来的大槐农场早就变了样，但他们还是欣喜地找到了两件承载他们记忆的东西——村里的一口老水井和一间斑驳不堪的老饭堂，仿佛是找到了时间隧道的钥匙，往事从心底喷涌而出。几十个老人聚集在一起，聊起一起走过的岁月，都泣不成声。

朱沛尧追忆着难忘的知青生活："那个年代到大槐农场待过的人，就没有吃不了的苦。"白发苍苍的老人从当年的饭堂走出

知青演出《橡胶林晨曲》

来，深有感触地说：在那个物质资源匮乏的年代，"吃苦"是我们这一代人最深刻的记忆。

当初他们住的茅棚，就是用茅草为主要材料盖成的小屋，连屋顶都是茅草编的。这样的小屋自然免不了要漏雨，每到下雨天，屋里每个人的锅碗瓢盆都得被拿来盛雨水。青菜、番薯和少量大米基本就是他们粮食的构成，而偶尔夹杂在青菜里面薄薄的几块猪肉片，可真是太美味了。朱沛尧幽默地说："那猪肉片是真薄，没夹稳的话，一阵风吹过来就飘走了。"

每个月的 1 号是"出粮"的日子，也是大家最高兴的日子。减去伙食费，一般每个人还能剩下六七元。知青们用这笔钱满足着心中的一个个小愿望。这笔钱自然是花不长的，抽烟的人月头整支香烟抽完，月尾就得翻捡烟屁股了。

每年的"双夏"时节，也就是夏收夏种的时候，是知青们最难熬的日子。在这一个月里，他们每天都要辛勤劳作。"以我们生产小队为例，20 个人要在这一个月里完成约 300 亩的耕种任务，也就是说一个人要搞定 15 亩。而且基本都是手工劳作，那时候哪有什么收割机，有头老黄牛犁田就不错了！"朱沛尧说。

为了完成这个繁重的任务，知青们每天忙到凌晨 2 点多，匆匆休息 3 个小时左右，5 点就要爬起来继续干活。"三餐吃在田头"就是他们这段日子最真实的写照。

谈起以往的岁月，说的都是苦、都是累。但朱沛尧依然怀念并感谢那段知青岁月。"那段日子受的苦，大大锻炼了我们的身体素质和意志力。最重要的是，我结识了这么一群兄弟姐妹，他们就是我的家人。"

我们知青的集体家训，就是"我们的干部要关心每一个战士，一切革命队伍的人都要互相关心、互相爱护、互相帮助"，还有"下定决心，不怕牺牲，排除万难，去争取胜利""愚公移山，战天斗地"。朱沛尧说："我们的家风可好了，大家都来自五湖四海，来自城市，最重要的就是："互相关心、互相爱护、互相帮助。"谁不能完成任务，大家就一起帮忙；谁生病了，人人都围拢过来嘘寒问暖，还有人忙不迭去找来医生。城市知青和当地的父老乡亲一家亲。节日里，叔伯婶母都往知青楼送鸡送肉……"

朱沛尧感慨地说着，脸上露出幸福的笑容。

"时间如白驹过隙，似乎眨眼间，我们便从一颗种子长成一株大树。成长的旅途中，我们都曾经历风风雨雨，但在我们的身后，无论何时何地，总有一股强大的力量支撑着我们。这，便是我们的知青家风。"

当年的那群知青都退休了，他们的孙辈都在自己的岗位上发挥着各自的光和热。这群老知青就希望儿孙们牢记他们的集体家训、家风，老老实实做人，踏踏实实做事，成为好人，成为国家的有用之才。珍惜这来之不易的和平时代，时刻践行我们的好家风，并一代代传承下去。

朱沛尧语重心长地说着，大家听着，眼里又泛起了泪光。

知青、知青楼、橡胶林，是一个时代的产物，那时的知青楼是知青集体的家，这个家无比的温暖。当年的知青们为社会主义建设流过血汗，有过伟大贡献，历史会铭记，祖国会铭记。"农村是一个广阔的天地，在那里是可以大有作为的。"城市知识青年上山下乡，落户农村落户农场，不但为当地的经济建设贡献智慧和力量，而且意志得到了很好的锻炼。一个个精彩而耐人寻味的知青故事，闪现着活生生的人生理想，磨砺出宝贵的价值观。他们在党的领导下，在父母的支持和护佑下，找到了人生的方向，同时集体精神让他们获得不朽的正能量，在锻打生命意志、毅力过程中，迸发出无穷的智慧。

大槐农场成功变成了在我国橡胶林种植最北纬的地方。这一群知青们把不可能变成了可能。他们破除迷信，解放思想，敢于斗争，敢于胜利，充满激情，充满自信，用实践检验真理，让实践出真知，在种植橡胶林的过程中收获了人生最宝贵的财富。

从社会发展的角度看，思想和科技是转化矛盾的关键。如果不去尝试，只按照外国专家的说法去做，那将否定了当地能种出橡胶林的做法。但是区显举这个年轻人带领知青团队，从自己的观察和实践中结合专业理论，反复实验，终于获得了国家科技发明奖，把别的技术权威认为不可能的事情做到了。从精神层面看，这个最北的橡胶林溢出的价值早已经超出了其物质价值，让人们在世界观、人生观、价值观上有了更深刻的认知。我们任何时候都要自信勇敢，都要努力创新，不达目的不罢休。

可以说那时坚守在橡胶林里的知青和干部们用自己吃苦耐劳的精神和进取心，在劳动和学习中形成了对人生有着深刻影响的风气。

为了这片橡胶林的诞生，为了把不可能变为可能，区显举、崔万华、廖国权和其他知青一起付出了青春和汗水。当然他们也升华了自己的精神力量，这种精神力量对我们良好社会风气的形成产生了极大的推动作用。

当知青回城后，廖国权和农场职工坚守着橡胶林，继续把不可能变成可能。而且他的情操

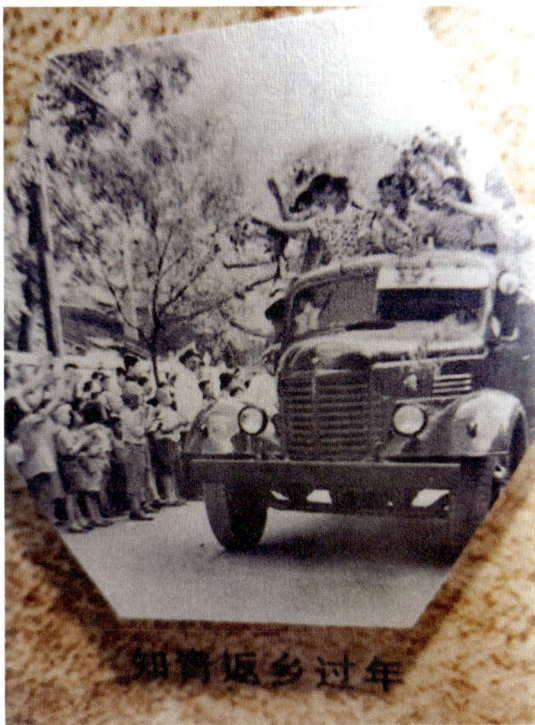

知青回家过年

更加高尚，他一心扑在事业上，背上简单的行囊就往橡胶林里钻，为"橡胶林精神"增添新的内涵。他说："学好《实践论》和《矛盾论》，人就有了明灯，找到了真理，解决困难就有了办法。"

那个风雨岁月不会再来了，农场也被合并了，不会再有当年的大城市知识青年"上山下乡"了，但知青楼还在，那片橡胶林还在。当年知青们还经常来看他们奋斗过的地方，来触摸那片不死的橡胶林，回到他（她）们的家里坐坐，拉拉家常，展望未来。知青楼的"家风"依然劲吹，那从未远去的"橡胶林精神"总是激励着一代又一代热爱土地的人们，为美好的家园而努力奋斗。

大槐农场也叫"恩侨镇"，是20世纪70年代接收安置"难侨"的地方。他们回到祖国，经历了许多艰辛，得到国家和人民无微不至的关怀和帮助。他们落户农场后通过辛勤的劳动，慢慢

地改变了命运，在温暖的祖国慢慢融入社会，开启新的创业之路，每个家庭都过上了幸福的生活。许多年轻人开始活跃在社会上，挥洒着自己的智慧和汗水，同样是"橡胶林精神"鼓舞着他们把不可能变成可能，在成才的道路上，为祖国作出贡献。

经历过颠沛流离，经历过苦难的磨炼，经历过千辛万苦的考验，就更知道家的美好，祖国母亲怀抱的温暖，一辈子的奋斗是为家为国。

现在的大槐镇从一个只有"穷"字的农业乡镇变成恩平一个崭新的"智造"工业园，一切都欣欣向荣，人民幸福安康。一个人同样如此，面对困难和挑战，办法总比困难多，条条道路通罗马，总有一条路属于自己。

曾经的大槐华侨农场，如今已跟大槐镇合并。曾经的农场人，有的已经走出农场，开辟出一方崭新的天地；有的依然坚持深耕本土，建设家乡；有的曾经走出家乡，却因为不舍乡情而再次回乡振兴经济。

正是因为他们，农场人艰苦奋斗的精神才得以传承，历经60余年而不衰，并将继续发扬光大。农场这片曾经以"农"为主的土地，如今已日新月异，发展成为一片投资的热土。当前，大槐发展进入新时代，江湛铁路在大槐设有货运站，该货运站设在越侨自然村附近，是江湛高铁沿线唯一的县级

广州知青回城留影

货运站点。2014 年，恩平工业园扩园延伸至大槐镇，规划为大槐片区。2015 年，大槐片区成功申报省产业集聚区。目前，大槐集聚区建设正在如火如荼地进行，这是恩平市继江门产业转移工业园恩平园区后，工业发展的"第二极"。

人有精神，家有家风，和谐社会有永恒的正能量，群体的优良风气成为传统，我们就能创建新的文明，改写自己的命运，书写不朽的历史。橡胶林里知青的故事，橡胶林溢出的精神，给我们的启发是永远的。我们在人生的路上，需要愚公移山的精神、坚定前行的勇毅、科学的头脑，如此，我们就能战而胜之。

历史留给我们的不一定是当年的模样，不灭的是它溢出的伟大精神及其与之融合而成的优良社会风气，这才是我们时代所需要的。

第六章　雁落平沙栖梧桐，此心安处是吾家

雁坪里村

　　走进横屋村，村头巷尾古榕参天，根深叶茂，显示出徐氏族人强劲的生命力。这里古村古围墙浮现出村人历史的沧桑与敦厚，村场整洁，巷道整齐，古代建筑"青山书塾"蕴藏的文化气息扑面而来。村民生活朴素，人们的家门庭院墙上书写着醒目的治家

格言。让人无不注目凝视的是祠堂里面的族训、祖训，它述说着横屋村人敬宗睦族、感恩重德、重情义的故事。从中我们感受到中华民族的传统美德在横屋村的世代传承。世事虽无常，但族人真善美的道德境界却是永恒不变的，从久远的年代开始一直浸润着族人的灵魂。最具创意的是横屋村人对家的理解，"家是人生的港湾""家和万事兴"。横屋村是一个历史文化名村，族人家境殷实，品行端正，时时处处体现出正能量。村民世代勤劳、俭朴兴家，一个美丽的社会主义新农村成为十里八乡的好榜样。

没有一部荣耀的家史不是在苦难中诞生，横屋村的故事同样如此

南宋绍兴元年（1131年），南雄珠玑巷居民，因胡妃事件加上战乱，以罗贵为首的33姓共97户人家往珠三角逃难南迁。据《徐氏族谱·横屋村简史》记载，横屋村徐姓鼻祖访庐公等宗亲从南雄珠玑巷南迁至开平沙岗徐边，生四子翔凤、威凤、鸣凤、丹凤，其中第12世丹凤祖之后代徐芳宸等族人几经辗转，于雍正五年（1727年）在开平

雁坪里村开族祖先像

三圭里栖身，平时以流动放养鸭群为生。其间，徐芳宸几次来到雁坪里，结识了先在这里建房居住的吴姓朋友，吴姓朋友热烈欢迎他迁来当邻居。徐芳宸也觉得雁坪里是个风水宝地，经与兄弟叔伯商定，于雍正七年（1729年）择日，徐姓宗亲20多人在靠近福堂村东边由北向南横排建造了10间土木结构的小房，称为"横屋"（又称雁落平沙、雁坪里）。切杰翁、切蕃翁、芳达翁

先后迁来，同心同德，卜吉立宅，把住宅转为坐北向南。几经风雨，沧海桑田，遂致人杰地灵，村场日臻完善：前临湾溪，水绕门回清流，后遥枕铁炉山（天露山）屏峰，钟灵毓秀。

横屋村现有村民 160 户，户籍人口 410 人。据不完全统计，横屋村外出乡亲达 800 多人，遍布全国各地，主要在香港、澳门、广州、佛山、江门、恩平等地。横屋村旅外乡亲 160 人，主要侨居美国、荷兰、加拿大、委内瑞拉、印度尼西亚等国家和地区。

徐氏在秦汉时期，主要分布于我国北方黄河下游地区，尤以山东繁衍最旺；魏晋至唐代，徐姓南迁主要在淮河及长江下游大部分地区；宋以后，有些徐姓人往我国西南、西北地区大量迁徙繁衍，而大多徐姓人则往江南广大地区迁徙。徐氏是中华民族最古老的民族之一，又是我国大姓之一。徐氏与其他姓氏一样在中华民族的历史长河中，经历了几千年的风霜雪雨，历尽艰辛，排除万难，繁衍迁徙，为中华民族开疆拓土，发展经济，创立了灿烂辉煌的业绩。徐氏人才辈出，代不乏人，不愧为炎黄子孙。当今，太平盛世，徐氏子孙弘扬祖德，爱国爱乡，联络情谊，团结互助，推动故乡经济发展，为中华民族再创历史辉煌作出贡献。

乘乡村振兴东风，焕发生机与活力

优秀的乡村建设，并非简单地复制城市模式，而是在于乡村内在生命动力和活态品质的挖掘与提升。近年来，良西镇委、镇政府致力于将横屋村打造成乡村振兴示范精品村，横屋村借着乡村振兴的东风，不断升级改造，焕发出新的活力。

横屋村位于良西镇东南部，占地面积 651 亩。在上级部门和良西镇委、镇政府以及外出乡亲的大力支持下，横屋村共筹集资金 100 多万元开展美丽乡村建设，新建了村污水处理设施、公厕等基础设施，对村里的小公园、健身公园进行提质改造，更换了围栏，种植上美丽的花草。原来荒草丛生、杂乱无章的闲置地，变成了小公园、"知音会"小剧场；原来废旧的栏舍，变成了休闲健身的场所，成为群众娱乐运动的好去处。此外，横屋村还聘请了村保洁员、卫生监督员。过去村上乱丢垃圾、乱堆杂物的旧习不复存在。

有内涵的"班派"诗文，刻石流芳见精神

在横屋村，敬宗睦族，有史以来都在"班派"序列上彰显祖德。徐家人上为彰显祖德，将族人班派序次，铭文刻石，以示流芳百世——

盖人之祖宗，犹天地之有万物，而万物浩繁，其并生不紊者，莫不有族分之，名以纪之。本支子孙其秩然有序者，亦然，故幼则名以命之，长则字以表之，老则号以尊之，名与号随人取义，不必尽同，至于字则定为班次。有高曾以及云初，无有乱焉。我祖自凤祖翁，失字号者不知凡几，今欲旌其字号，而不可得，由于前人浑噩太过，后人欲美无由也。兹世代迭更历年愈远，有嗣蕃昌，而班次不齐乡人闻之，犹且有义。况同一本乎？予生也晚，观兹班次不齐，各居一乡，各表其字，以至一脉之亲，初相叙，谈不知某字叔某字孙非所以为训也。然则欲昭穆裕后，昆诚莫急于班次之设也，谨题二十字列于祖图之侧，俾人同而览。之曰某也同某班，书某字，然后表字齐，而礼义兴；礼义兴，而人文盛，岂非光前裕后之良意也。乎？凡我同宗各宜谨志尊。清康熙壬子年。

靠着这内涵丰富的"班派"联，不但让后人记住自己在本族中的位置，承前启后，继往开来，也使人一目了然人生的根本就是"修身，齐家，治国，平天下。"要知道感恩，好好传承祖上的传统美德，发扬敬宗睦族的精神，争取更大的荣耀。

别出心裁解读"家"，质朴无华成就家

随着时代的进步，横屋村人对家更有了独特的认识，表述很精彩，内涵更丰富，他们把"家"字拆开，注入新的内涵解释：家字是由"点、点、横钩、横、撇、弯钩、撇、撇、撇、捺"十画组成，寓意"有家，人生便是十全十美"。他们对家赋予朴素的思考，但非常启发人心。

此心安处是吾家，一个"宝盖头"遮住外面的寒风冷雨，"一横三撇"是家中人的期盼；向外的"一撇一捺"是游子对家的向往；一个弯钩好比父母，把全身紧紧系在一起，家是博大宽怀，家是每个人的归宿，家是永恒的牵挂……

家是人生幸福的港湾，是奋斗创业的源泉，是团结拼搏的动力，是生生不息的延伸，一个个和睦美满的家，就是家乡。村民热爱家乡，常回家看看。大家一起努力，共筑美好家园。

家是人生最应该进修的一门功课。

家是世界上最温暖的地方。家庭不只是人身体的住处，更是人心灵的归宿。

如果一个人心中有"家"，那他无论遭遇什么样的挫折，心中总会有一束光，一束温暖的光，照亮漆黑的路。事实证明，一个心中无"家"的人，绝对不是一个值得托付重任的人。

成功的教育，并不是要把孩子都培养成叱咤风云的人物，而是把家的观念教给他，让家成为他生活乃至生命的一部分。

所谓家庭教育的大格局，就是给孩子一个温暖而光明的家，在这个家里，他的身心得以舒展，得以通透，得以觉醒，得以圆满。

横屋村人把关于家的阐述刻在石板上，放置于村中公园入口，方便族人世代铭记。

敬老爱幼自有序，家风传承唯有书香

横屋村人历来都有敬老爱幼的传统美德。村中把大年初四定为敬老日，规定村中 70 岁及以上老人可领取村敬老慰问金，以示对村中老者的爱心与孝心。

一直以来，横屋村都保留着在大年初四举办公祠祭祀活动的传统习俗，并把这种祠堂文化纳入族规，以示感恩祖德、凝聚感情、增进乡邻和睦之意。

家风的灵魂是育人。"重教好学、立德向善、乡邻和睦"是横屋村家训的重要内容，徐家深信其中道理，推崇教书育人，孩子们从小立志当一名优秀的教师。

教书育人，不仅是一名教师的职业使命，还可以成为一脉传承的家风。如果说横屋村是恩平有名的教师村，那徐彩双兄弟家族就是村中有名的教师大家庭了，他们家族三代出了 10 位教师，在当地传为佳话。

20 世纪 50 年代初，由于父亲早逝，面对家庭的压力，作为家中长子的徐彩双肩负起责任，支撑着整个家庭。他坚信只有读书才有出路，于是带着二弟帮助两位弟弟读书成才。1957 年，三弟徐礼同在兄弟帮助下成为一名教师。1958 年，四弟徐礼尧也从湛江雷州师范学校毕业，分配到电白县当教师，并在教学中相识了志同道合的妻子。

徐彩双兄弟家族是名副其实的教育世家。徐彩双虽然没能当上教师，但在他家庭的教育与影响下，大儿子徐金明、孙子徐乐庭师范毕业后，相继走上教书育人的职业岗位。徐乐庭在教学工作中还找到了同为教师的妻子。在徐彩双大家庭中，二弟徐水活的儿子徐金兴、儿媳妇、孙媳妇，三弟徐礼同及其女儿徐玩娴，四弟徐礼尧与妻子都是光荣的人民教师。

徐彩双兄弟家族三代人传承着族风、家风的教诲，家族 10

位教师，虽然学校不同，但是他们都选择坚守，为家乡教育事业奉献力量。其中徐礼尧于 20 世纪 60 年代调回恩平后，默默坚守教书育人岗位至 1993 年退休，获得多项荣誉。

徐礼尧从教 36 年，历任多所小学、中学校长，两任良西教办主任，不仅以严谨的治学风格博得同行以及当地领导群众的赞许，在家庭教育上，还与同是教师的妻子何松笑注重言传身教，将良好品格和学风传承给晚辈，激励子孙们积极求学，更好成长，贡献社会。

徐礼尧的大儿子徐彦文，1975 年从良西中学毕业后，于 1977 年参加全国恢复高考后第一届高考，考入国家干部学校，毕业后在工作期间一边工作一边继续刻苦学习，获得广东省社会科学院研究生学历。徐彦文先后在佛山地区计委、佛山市统计局、中共佛山市委政策研究室、佛山市政协等部门工作。工作 40 年，其曾历任中共佛山市委政策研究室副主任、佛山市社科联副主席兼中共佛山市党校客座研究员、政协佛山市委办公室副主任、佛山市机关正处级干部，当选两届佛山市政协委员。

徐礼尧的小儿子徐彦林，1986 年从恩平市第一中学高中毕业，同年考入北京的国际关系学院国际政治专业，1990 年大学本科毕业，获学士学位，参加工作后继续刻苦学习，后来于广东省社会科学院研究生毕业，在中共佛山市委统战部工作至今。其历任中共佛山市委统战部副主任科员、主任科员、科长（办公室主任）、副部长兼中共佛山市委统战部机关党委书记，当选两届佛山市政协委员。

徐彦文、徐彦林兄弟俩把家中良好学风继续向下一代传承，其中徐彦文的儿子徐健平在东北大学本科毕业，徐彦林的儿子徐健聪在华南农业大学本科毕业，后又在华南农业大学攻读硕士学位。

在良好的家风教育下，如今，他们兄弟家族共有大学生20人，研究生7人。

从20世纪六七十年代起，全村近70人先后在各地中小学校任教，如今，包括

雁坪里村祖训、家训

横屋媳妇、出嫁女在内，全村已有教师130多名。甚至出现一家五六口都从教的情况，当一家人团聚时有人甚至戏称这些家庭聚会是在开教育"研讨会"。在村里，一家有6个教师的还有徐金华之家；一家有5个教师的是徐郁庆之家。以教书育人为荣在横屋村已成风尚。

近年乡村振兴，横屋村建设漂亮了，空气更清新了，加上村中也居住有很多老师同行，大家共同语言多，就迁回家乡住。这个仅160户的小小村落，竟出了130多名教师，是侨乡恩平市远近闻名的教师村。

为何横屋村会培养出如此多的老师？据史料记载，清末民初至新中国成立初期，村内就建有芳萃书屋、业盛书室、明聪书室、青山宗祠（学堂），村中书屋之多，在恩平市乡村也久负盛名。文化底蕴深厚，孕育了村民重教重学的乡风与读书人多的氛围。许多人完成学业后，乐意当教师，走上教书育人的岗位。1977年恢复高考以来，村中子弟考入大学的就有150多人，出了一批硕士生、博士生。很多人毕业后走上教师岗位、从事教育事业更是成为横屋村鲜明的特色。

"水利万物而不争"，相邻包容共发展

20世纪50年代，横屋村基本没有水利设施，乡亲们耕作十分艰难，毫无保障。

在横屋村前，有一条小河，称为横屋河，常年由西向东流淌。清末以来，村里几代人都在春耕前筑沙坝把小河水堵住，引入农田开耕。春耕之后，河水稍涨，沙坝自然崩塌，以往年年如此。但在20世纪50年代初春的一天，村民们在小河筑好沙坝后，小河下游几个村集结近百人，带着枪支利器来到横屋村前小河边，提出要把沙坝毁掉。他们说："我们下游一带的农田也靠引这小河水耕种，横屋村的人把河水堵了，我们没水耕种，今日非要把沙坝毁掉！如果横屋村人阻拦，就动武！"面对紧急情况，横屋村民也不甘示弱，一班青壮年纷纷拿出利器、棍棒，出去应对前来毁沙坝的人，双方对峙，气氛十分紧张。在这大规模械斗一触即发之际，村上德高望重的乡贤明白事理，站出来平息争斗，语重心长地规劝乡亲们："河流四周各村村民都是以这小河为命根的，这自然之水当然是大家的，不能只被本村全占，'水利万物而不争'，水能做到这样，何况我们共饮一河水，共耕一方田，这不是一两年的事，世世代代都相让呢，为了解决这个问题，大家还是兴修水利吧。"当时县委和政府高度重视，不到一小时，

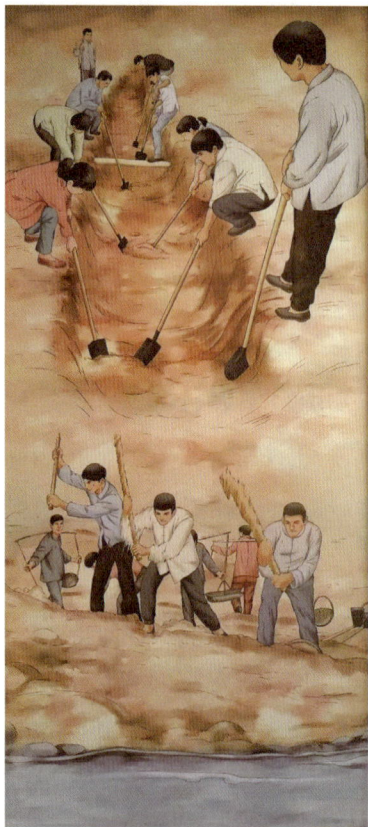
雁坪里村民开展劳动生产

主要领导亲自率队赶到现场，认真细致进行调解。经耐心工作，横屋村村民承诺五天内基本插完秧就把沙坝挖开。邻村村民经调解后火气也消了，全部撤了回去，一场水利争端可能引发的大规模械斗及时平息下来。

20 世纪 50 年代中期开始，恩平大兴水利基本建设，全面修建了水渠网，全县农田基本实现了自流化灌溉，农民不用担忧天旱无水耕作了，四周村民更加友好相待。"水利万物而不争，"成为世代流传的佳话。

临歧留赠将何语，但勤前程猛着鞭

20 世纪 30 年代，徐如悦在加拿大修完学业后，在温哥华华埠从医，悬壶济世，救死扶伤无数，当地民众称赞他"仁术仁心"。徐如悦青年时期深受孙中山民主革命思想影响。他才华出众，口才杰出，不断在当地报纸发表文章，在电台和公众场合发表演说，极大地激发了华侨抗日救国热情，也博得了外国友人的同情和支持。

1931 年，日寇侵华，战火迅速蔓延，祖国处于危亡之际，徐如悦深感"国家兴亡、匹夫有责"，他担任都城华侨统一抗日救国总会常务委员职务，为了抗日救国事务日夜奔波，只得把自己的医业搁置，全力投入组织发动的华侨支援中国人民抗日救国运动中去。1933 年，徐如悦义无反顾，放弃在国外的优越生活，回国担任中国陆军军医学校广州分校主任教官，国民政府军政部第四路军一等军医、第一集团军上校医官。

1938 年，因海外华侨抗日救国工作的需要，徐如悦重返加拿大。由于连续日夜超负荷地紧张工作，他积劳成疾，但仍继续坚持工作，直到 1944 年 1 月 18 日病逝（年仅 46 岁）。虽然生命短暂，但徐如悦以高尚的医德、精湛的医术，悬壶济世，广受

徐如悦

赞誉。他更宝贵的精神是忧国忧民，身在国外心系中华民族安危，以实际行动抗日救亡，其崇高的赤子报国精神深深激励着海内外的中国人。

当年徐如悦《留别诸亲友》一诗，至今仍深深激励着村民，成了徐氏家训的深刻补充，影响深远——

落拓江湖不计年，马蹄踏破月边烟；

悬壶愧乏长生术，济世难寻大愿船；

多载常怀交谊在，今朝无那别样牵；

临歧留赠将何语，但勤前程猛着鞭。

横屋村人极为重视族风、家风教育，一直以来，不断完善横屋徐姓族训、家训，并将其提升为蕴含着丰富思想道德内涵的"横屋人精神"。横屋村人将这种精神作为立村治家之本，不断以族训、家训规范养成村人"重教好学、立德向善、乡邻和睦"的良好风气。知书识礼、乡邻和睦、自强不息、创业兴邦、爱国爱乡是横屋村徐姓宗亲传统教育中的主旋律，代代相传承。刻苦勤勉，育人为本，族人热爱家庭、热爱家乡，对家与家乡有独到的认识和体会。横屋家风文化馆布置得很精彩，内容很丰富。他们注重对血脉亲情关系的阐述，使族人充满自信，运用祖先订立的家风规矩，勉励族人教书育人，师范先行，育人为本。家风、乡风光彩照人。横屋村人把家风文化与时代风尚结合，与建设美丽乡村结合，所到之处，街头巷尾，各家各户，整洁干净，乡风文明。

横屋村人自古以来就形成尊师重道的优良传统，村内建有芳萃书屋、青山宗祠，文化底蕴深厚。他们还通过打造民俗文化巷、绘制三字经墙画，弘扬优秀的传统文化，展现该村独特的内涵、特色以及深厚的文化底蕴。结合横屋村碉楼、抗日围墙等革命遗址，着力打造爱国主义教育阵地。进一步挖掘横屋村的红色文化资源，将横屋村打造成爱国主义教育基地。

横屋人利用这些从古到今的家风资源，整理出族人的优秀故事，办起了家风文化馆。其布置内容丰富生动，注重血脉亲情关系的阐述，使族人充满自信，勤俭持家，努力奋斗，创造美好新家园。横屋村文化氛围浓郁，家风、乡风文明得到充分的提炼，一个社会主义新农村，欣欣向荣，光彩照人。

雁坪里村志庆书法作品

第七章 | 根正苗红家有格，
教子山下教子美

粤中纵队六壮士

　　根正苗红家有格，教子山下教子美。走进革命老区村，随处可以触摸到革命先辈给子孙后代留下的丰厚红色家产，蕴含着世代相传的家风内涵。本篇收录了革命老区解放军游击队战士的家风故事，从不同的侧面描述了红色基因在普通家庭中的传承。

根正苗红兴家有格，"善良宽厚"传家宝

梁格女出生在那吉镇巷口村一个普通的农村家庭，父母都是农民，养育着他们五兄妹。父母为了生计不得已将梁格女卖到大槐镇石仁坑村当丫鬟。然而，梁格女从小就有着不屈不挠的精神，不愿被旧时代的观念束缚，她坚信自己的命运应该掌握在自己手中，于是，她与隔壁村的姐妹相约逃跑。

梁格女

在逃跑的路上，她们饥寒交迫，心中充满了恐惧和绝望。就在这时，她们遇到了改变了她们命运的人——游击队员，游击队员把她们带到部队，给了她们食物和衣服，她们流下了激动的泪水。梁格女的祖辈们都是深受苦难的农民，他们勤勤恳恳地劳作了一辈子，却始终无法摆脱被地主剥削和欺辱的命运。在听了游击队员的宣讲后，梁格女深刻认识到，只有加入游击队才能真正成为一个有尊严的人，才能真正掌握自己的命运。于是，她毅然决定加入游击队，并成为一名卫生员战士。

在战争中，年轻的梁格女感受到了战争的残酷，目睹了子弹穿过班长的肚子，班长因伤势过重最终没有抢救过来的过程。在生命的最后一刻，班长要求梁格女和部队战士拿走他的枪，继续杀敌。这一幕深深地印在了梁格女的心中，也让她更加坚定了要为国家和人民奋斗的信念。之后梁格女以身作则，积极投身到医疗救护工作中，为伤员提供及时有效的医疗救治。她不畏艰险，勇于面对生死考验，用自己的实际行动诠释了对国家和人民的无私奉献精神。新中国成立后，梁格女回到家乡，从事农业劳动，

过上幸福的生活。

在村民眼中，梁格女总是面带微笑，热情待人，从不轻易发脾气。作为一个经历过生死考验的游击队战士，她虽然根正苗红，但从来不提及自己的经历，为人低调。她经常告诫自己的儿女："我们是光荣之家，要对得住这份荣誉，千万不要与别人争利益，善良宽厚永远是我们家的'格式'，待人谦和不吵架，即使别人不对，也要忍让着，不要让矛盾扩大激化。"她这种谦和与忍让的态度赢得了全村人的尊重。梁格女这种友善友爱并非偶然，而是源自她内心的善良和对生活的热爱。因为参与过战争，她深知新中国的幸福生活来之不易，社会的和谐稳定需要每个人的共同努力和珍惜。因此，她始终坚持以和为贵的原则，用自己的行动来维护乡亲邻里的和睦友善。梁格女的儿女们深受她的影响，都不依仗根正苗红，永远把自己看成普通农民，在生活中学会了如何处理人际关系，如何以一种友善、宽容的态度对待他人。

梁格女年轻时历经了无数生活的艰辛，她现在是一位幸福的老人，她有三个儿子和两个女儿，已经四代同堂。她的孩子们在她的言传身教下，不仅事业有成，而且懂得回报社会，他们彼此关心、相互扶持，形成了一种和睦的家庭氛围。在这个和睦的家庭中，梁格女老人享受着晚年的幸福生活，感受着无尽的温暖和关爱。

她的二儿子朱鸟进，年轻时曾在国有企业工作。然而，在国有企业改革的大潮中，他被迫下岗，成了众多失业者中的一员，失去了稳定的工作和生活的支撑，他的心中难免有些许不满和怨气。母亲梁格女虽然只是一名普通的农村妇女，但身为一名革命先辈，她明白自己能成为新中国的主人，完全是因为跟着党走，她坚信党的决策是正确的。她教育儿子要相信党。同时，她鼓励儿子不要被困难击倒："再苦再累的日子我都度过了，你是我的儿子，你要坚强，努力拼搏。"在母亲的鼓励下，朱鸟进决定下海经商，开启了一段充满艰辛与挑战的旅程。在经商之路上他并非一帆风顺，但他从未向困难低头，积极应对各种挑战。坚定信念和不懈努力终于得到了回报，他取得了巨大的成功。

她的三儿子朱金水年轻时在广州创业开了一家理发店，他以良好的服务态度和诚信经营，逐渐积累了一大批忠实顾客。他的店里总是人来人往，热闹非凡。然而，为了照顾年迈的母亲，他毫不犹豫地放弃了这一切，回到了家乡，全心全意地照顾母亲，报答母亲的养育之恩。

朱金水回到家乡后发现，原来党和政府一直关心着他的母亲。党员义工们经常到家中探望老人，每逢节假日，政府总会派人送来慰问品，以表达对梁格女为国家作贡献的感激之情。朱金水非常感动，母亲一直教导他们要听党话，跟党走，他们作为儿女始终不忘初心，牢记母亲的教诲。而党和政府始终没有忘记他们，这份深情厚谊让他深受感动，更加坚定要为社会奉献的精神。他主动联系社会组织，积极参与公益活动，定期下乡为贫苦村庄的老人提供免费的义剪服务。每一次义剪活动，朱金水都耐心地为每一位老人剪发，让他们感受到温暖和关爱，他的善举让老人们得到了实惠。

朱金水的热心肠不仅在村里赢得了广泛的赞誉，也深深地感染了他的外甥。这位外甥从小被朱金水的人格魅力所吸引，现在又被朱金水用实际行动去帮助他人的行为深深打动，因此，他也加入了舅舅的义剪行动，为社会作出自己的贡献。

梁格女是一位忠诚于革命事业的女战士，她为国家和人民作出了很大的贡献。在战场上，她不畏艰险，始终坚守着为国家、为人民付出的信念。从一个光荣的革命战士到建立普通家庭，她始终保持着不变的本色。在家庭生活中，她以母亲的身份尽职尽责，培养出了敢于拼搏、和善友爱、孝顺的子女。

她的子女们并没有自以为根正苗红，依赖着母亲的荣耀坐吃山空，而是以母亲为榜样，以红色精神为动力，用自己的实际行动践行着社会主义核心价值观和道德标准，通过实际行动感染后辈们，带动着他们先人后己，先国家后家庭，展现出一种时代的良好家风。这种家风的传承和延续，对于一个家庭乃至整个社会都有着积极的影响。

教子山下教子美，老区精神是家风最强大的基因

大田镇山川秀丽，在茫茫苍苍的群山之中有一座英雄的镬盖山，染透着六壮士的鲜血。镬盖山下有一所"励英学校"，它是恩平抗日司令部，附近有一个美丽的教子山村。它们共同组成了革命老区的一道亮丽风景线，人们在这里建成纪念公园，这里也是青少年思想教育的重要基地，学校经常组织师生前往凭吊瞻仰英雄纪念碑，开展红色教育活动。家长们在逢年过节的时候都带着自己的孩子来这里聆听革命先辈的英勇故事，让世世代代不忘初心，秉承革命血脉，传承红色基因。这里，过去英雄辈出，现在文明乡风让人耳目一新，教子山特别耀眼夺目。

1949 年 7 月 8 日，国民党第十区保安司令李江纠集 600 余人进犯朗底，企图围歼在此整训的粤中人民武装。广阳支队五团红星连一排据守镬盖山，掩护大部队安全撤离。完成阻击任务后，排长、共产党员吴宽率领关森、苏宙、谭植、吴浓、关华共 6 人继续坚守断后，弹尽粮绝，被敌人重重包围，宁死不屈，围拥在一起拉响了最后一颗手榴弹，英勇牺牲。人们把他们称为"镬盖山六壮士"。六壮士的精神和事迹在南粤大地广为传颂。

为铭记英雄的壮举，传承红色基因，近年来，恩平市委、市政府、大田镇委、镇政府在社会各界人士的支持下多方筹集

资金兴建镶盖山六壮士公园，于2022年7月建成。该公园占地面积为2911亩，内有六壮士雕像广场、六壮士牺牲地、镶盖山战斗遗址等。其中，镶盖山六壮士战斗遗

励英学校

址是江门市的重要红色革命遗址，是弘扬伟大建党精神，发扬革命传统，厚植爱党、爱国、爱社会主义情感的重要阵地。

人们面对镶盖山无不肃然起敬。

朗底圩附近有座学校叫"励英学校"，它原是恩平抗日战争司令部，现在已经是当地励志研学基地，我们见到许多学生排着整齐的队伍，唱着国歌，朝气蓬勃地进去参观，那场面让人感动。

在这里，我们遇见一个义务讲解员，他住在附近，看上去身体硬朗，今年81岁。我们很投机，他对朗底革命老区的红色历史比我知道的多，他是已经有近60年党龄的老党员了。他1962年参军，复员后参加水利工作，现已经退休。他是在朗底革命老区出生的，耳闻目睹了革命根据地的战争岁月和社会主义建设的发展。多年来，他一直在这里做义务讲解员，同时也把那些年的红色故事告诉家人亲友。在他看来，没有中国共产党的领导，没有革命根据地人民的付出，我们怎能翻身解放。他会念毛主席语录，并且感触很深，值得大家学习。他说："我们迎来了美好的时代，我们有了美好的生活，我们必须学会感恩。不忘初心，牢记使命，不只是一句空话，要脚踏实地，

不要抱怨，要团结一心，把国家建设富强，我已经老了，就寄希望于你们。"

他是一个认真的人，虽然80多岁了，但讲解起来还铿锵有力，深受大家的喜欢。他积极认真地帮助年轻的讲解员，担心年轻人没有经过那段革命岁月会忘本，所以他一直坚守在励英学校这个抗日战争司令部的门口，有游客来了，他就主动讲解，百问不厌。

走进老区村，人们才看到正面墙上醒目地挂着用铁皮刻出来的《朗北老区乡规民约》，风吹日晒雨淋永不褪色，对村民时时起着警醒作用。周围还有《法治专栏》，讲述法治案例，还有安全生产和农业生产专栏，此刻还有几个农民兄弟围着那里认真地讨论着。最吸引人的是村中的一座村史馆。墙上用金色写着几行端正的大字，非常耀眼："革命老区是党和人民军队的根。一寸山河一寸血，一抔热土一抔魂。老区精神积淀着红色基因。江山就是人民，人民就是江山。永远都要从革命历史中汲取智慧和力

朗北老区

量。"

在展厅一个突出的位置展示的是有关教子山村的故事。1943年春，百花吐蕾，万象更新，恩平大地一片生机。随着时序的更易，经过恩平广大党员和群众的共同努力，革命形势一派大好。正当广大党员在县委领导之下，满怀信心地在广大农村发展党的组织，开展各种群众性的抗日救亡运动，不断地取得新的胜利

教子山是粤中地区重要的革命根据地

的时候，恩平县委接到上级通知：为了保证党的组织免受敌人破坏，决定改变活动方式，由党支部（小组）形式的集体活动，改为暂停组织活动，由领导人和各个党员实行"单线联系"。"乍暖还寒时候，最难将息。"这一意外的消息传来，无异于迎头泼来一盆冰水，又恰似天外刮来一股寒流。使得每个党员心头颤抖，仿佛罩上了一层浓重的迷雾。

1943年2月，有的党员奉命秘密转到朗底教子山村，以教书职业作掩护，负责开展这个地区的群众工作，为以后开辟游击根据地做准备。本县的党组织从1927年年底创立到后来被迫停止活动，直到抗日战争初期开始重建，它像万物逢春一样，茁壮成长，很快遍布于全县。其间，又经历多么艰难曲折的战斗历程啊！教子山，让我们永远记住它的名字。

梁雅操，大田镇朗北村委会塘背村人，1938年11月，中共恩平县工委重建后，着重抓党组织发展，1939年2月在朗北塘背村中甫学校成立了中共恩平县第二党支部，也是朗底地区第一

党支部——塘背党支部。为壮
大党组织，发展一批思想进步的
革命青年。1942 年孔德明受党
组织派遣，为提高青年农民的文
化素质，动员公家出钱出粮供给
因贫辍学的梁雅操等 6 名塘背村
青年到恩城县立中学读书。1943
年 2 月，梁雅操参与开展抗日救
亡群众工作。1944 年夏，中共
恩平县委任孔德明同志为塘背党
支部负责人，同年 8 月孔德明同

梁雅操

志以护村为名购买了长、短武器十多支，创建了朗北地区第一支
革命队伍塘背村护耕队，由梁雅操同志任队长。1945 年，中共
恩平县委在接应、配合广东人民抗日解放军西进过程中，恩平人
民武装力量也得到了发展壮大。广阳守备区联防自卫中队按照
上级党组织指示，率队至朗北与梁雅操领导的护耕队合并，在
朗北塘背村成立了恩平第一支党领导的人民武装，称恩平民众
抗日自卫游击中队。梁雅操任该队副中队长。同年 3 月恩平民
众抗日自卫游击中队和台山人民抗日游击大队的一个连合编，
组成广东人民抗日解放军第五团。

　　教子山村的革命精神代代相传，对生长在这里的群众产生了
深远的影响，现在这里的妇女发挥着在社会生活和家庭生活中的
独特作用，发挥着弘扬中华民族家庭美德、树立良好家风的独特
作用。她们用革命老区的精神，教儿育子，形成美好的家风。

　　梁如好的家庭正是良好家风教育一个生动的案例。梁如好的
婆婆年轻时不幸成为寡妇，在艰难的处境下，她没有自暴自弃，
没有抱怨命运对自己的不公，而是自立自强，一个人边工作边照

顾两个儿子，不仅把两个儿子照顾得很好，工作也同样出色，在生产队中担任妇女小组长。年幼的儿子们明白母亲的含辛茹苦，母亲的坚韧意志在他们幼小的心灵里种下自立自强、不惧艰难的种子，长子成为当年朗底地区考上恩平市一中的"学霸"，幼子同样也高中毕业。但是由于经济原因，两人都未能如愿考取大学，他们学习着母亲的优秀品格，在工作中勤勤恳恳，脚踏实地，几十年如一日地艰苦奋斗。

梁如好的丈夫是家里排名最末的梁盛肖，他高中毕业后因学习成绩优异，直接留校教书，后在村委会和镇政府都工作过。梁如好从1999年9月到2020年5月都在朗底工作，把最好的青春年华都奉献给了朗底的人民群众。当年他们家庭比较困难，由老母亲照顾着三位儿女，夫妻俩兢兢业业，在单位发挥着攻坚克难的精神，扎实工作，廉洁奉公。年幼的儿女十分懂事，小小年纪就分担着家务活，不给爸爸妈妈添麻烦，甚至用小小的身躯去担起重重的猪草，随着家里养的小猪一天天长大，他们也渐渐成长为男子汉、女强人。

如今梁如好的大儿子梁劲威已经成家，育有一儿一女，夫妻恩爱，妻子黄小翠在电商企业担任管理人员，积极向党组织靠拢。小儿子梁晓威在高三时就成为一名共产党员，目前在杭州从事设计工作，他说正是教子山村的红色血脉和家庭的红色教育让自己坚定了共产主义信仰，让自己从小小的山村，闯到了大大的世界。女儿梁晓娉在恩平的一家运动品牌店担任店长，她说祖母和妈妈自立自强的精神，一直深深地影响着自己。

教子山下教子美，大田镇利用红色资源以"六壮士"为主体，把镀盖山打造成红色公园，把解放军抗日战争司令部打造成中小学生的研学基地，是一件高瞻远瞩的事情。以铜为鉴可以正其衣冠，以史为鉴可以知兴亡。红色教育是实现民族复兴梦的重要所在。没有共产党就没有新中国，没有革命老区人民的血汗奉献就没有我们今天的幸福生活。为了中华民族的光辉未来，我们有责任讲好红色革命故事，传承红色基因，不忘初心，永远跟党走。

梁如好一家人是教子山村老区革命精神的践行者，是自立自强好家风的践行者。在平凡的岗位上几十年如一日地努力工作，不畏艰难、艰苦奋斗。他们一家人在生活和工作中相互尊重、相互照应、相互鼓舞，赓续革命血脉，为美好的社会建设和谐的家庭，成为大家学习的好榜样。

第八章 | 美好家风育人才，兴家兴学为祖国

　　本篇收录了恩平教育大家的故事，我们可以从中了解作为教育家，他们怎样对待个人的自我修养，树立正确的人生观，怎样把家风建设和校风建设做到水乳交融，将整个身心扑在教书育人的事业上。他们是我们建设美好家风的楷模。

　　把美好家风变成校园新风，那是家国的希望，民族的希望。历史上恩平出现过很多重教兴学的仁人志士，他们无一不是家风优良者，而个人也是有理想、德才兼备的儒雅之士。许多兴家兴学故事一直在民间流传，对家风与校风建设，至今仍有借鉴意义。

　　郑润霖为恩平创建了第一所学校"慰农堂"并成为第一任校长，为恩平现代文明教育新风培养了众多人才。郑芷胸被称为南粤英杰，他为中国革命事业痛失爱子后，更鼓励自己十多位儿孙投身革命洪流，满门忠烈，家风永红。

恩平家教图

"手植三槐"慰农堂，高风亮节育人才

慰农堂，是一座两层高的小楼，也是恩平的第一间学校，郑润霖为第一任校长。郑润霖的学生、旅居加拿大的乡亲郑振秀、梁揖光等捐建了这

恩平君堂镇君堂村祖训

一座纪念石碑，命名为"慰农堂"，以志其功。"慰农堂"意思是辛勤教学的课堂，是郑润霖实施自己教育理念的象征。

郑润霖，1867年出生于恩平君堂镇清湾村。郑润霖家境贫寒，但学习刻苦勤奋，21岁那年，他参加科举考试，高中举人，曾任广东文昌"儒学正堂"，专管知识分子及教育工作，曾任广东省参议会参议员。

1906年，废除科举制后，郑润霖明白要改变中国贫穷落后的面貌，必须注重人才培养。郑润霖有远见、有抱负，他看透了官场的黑暗和腐败。因此，虽有功名在身、才华在怀，但他不愿当官。

郑润霖决心创办学校，培养新一代人才。郑润霖克服重重困难，于1908年创办了恩平县立高等小学堂，并任校长。恩平县立高等小学堂选在县城的东北门内（现在的恩城中学旧校区）。

历史已经远去，但慰农的教育理念、慰农的德行永在。慰农，祈愿春耕恒足，秋稼丰登。借农民辛勤耕耘，必有五谷丰登的收获，比喻春华秋实，也就是矢志不渝，勤学苦练，耕耘不息，一定能成就大器。郑润霖的教育理念，也是其对师生的勉励。

郑润霖的道德风范深深影响着后人，慰农堂当年那琅琅读书

声犹在耳畔回响。在慰农堂之前，恩平还没有学校，有史以来，最多是村上有钱人家设立的私塾，只是几个孩子围着一个"先生""学而时习之"。私塾主要培养学生的传统文化素养和道德品质，强调对经典文化的传承和弘扬。学校的教育目的则是全面发展学生的德、智、体、美、劳等各方面的能力，培养合格的社会公民。学校课程涵盖了各个学科领域，如语文、数学、英语、科学、历史、地理等，注重知识的系统性和全面性。

郑润霖虽然也是科举出身，但他的视野开阔，教育理念先进，再加上清末民初，西学东渐之风吹来，郑润霖深感恩平这个穷乡僻壤必须大力办学才能多出人才，改变人们的命运。就这样，他成了恩平学校的第一任校长。

说起慰农堂，人们就会记起郑润霖题写的两副对联："君封万石，堂植三槐；桥题司马，头占金鳌。"此联高雅，也是郑润霖教育理念的佐证。

1918年，鉴于学子升中学须远赴肇庆，邑中士绅倡议在本县开办中学。当时广东省教育厅认为恩平地僻人贫，不适宜办中学，筹办困难重重，邑中士绅虽多次联名上书呈请，但均不能成。关键之时，前清拔贡伍瑶光挺身而出，奔赴省城，为民请命，省教育厅觉得其诚恳真挚，方于同年批准开办县立中学，伍瑶光被委派筹建工作。不久伍瑶光调任肇庆七中任校长，学校建设工作转交给郑润霖。

君堂村家训联

恩平第一中学

郑润霖接任后，千方百计战胜困难，积极筹措资金。在各方支持下，恩平第一间县立中学终于在 1919 年 9 月招生开学。

郑润霖是恩平教育的开拓者，恩平县立中学的创办标志着恩平教育事业进入一个新的发展阶段，也是恩平教育史上的一个重要里程碑。郑润霖一向治学严谨，讲求教学效果，在县内颇负盛名。

此外，郑润霖对维护地方团结，也不遗余力。有一次，两姓之家因事纠纷，械斗一触即发，在郑润霖的调解下，终于平息了这场纠纷，双方和好如初。

"教育兴则国家兴，教育强则国家强。"郑润霖用实际行动践行对教育事业的责任与热爱，他恪尽职守、默默耕耘、乐于奉献的精神，激励着后人。

满门忠烈，家风永红

郑芷腴（1870—1951），君堂镇君堂村人，清末秀才，郑芷腴考取秀才后，志在教育事业，在本村任大馆教员。1919 年恩平县立中学开办，郑芷腴被聘任该校学监，一干就是 8 年。

1927 年，君堂郑氏高等小学迁址扩建为私立独醒学校，郑芷腴出任校长；20 世纪 30 年代初，任恩平县参议会第一届参议员；抗日战争胜利后，1946 年独醒学校升格为独醒中学，郑芷腴继任校长直至 1951 年，由于他严于律己，宽以待人，布衣素服，粗茶淡饭，选聘良师任教，教学质量不断提高，学校声誉日隆，外地学生纷至沓来，呈现一派兴旺景象，至此成为本县教育界一位著名人士，他在教育战线耕耘数十年，桃李遍天下。他是一位开明、进步、民主的著名人士。在 1938—1949 年间，他受进步思想影响，坚决支持中国革命，后来更是掩护中国共产党在他的学校进行革命活动。

在抗日战争时期，郑芷腴先生积极支持革命，从抗日战争一开始，中共恩平党组织就取得了郑芷腴先生对抗日救亡运动的支持。历届党委、恩平县委领导人刘田夫、冯燊、周天行、郑锦波等经常在独醒学校开会、举办训练班、研究工作。独醒学校成为中共恩平县委活动的前沿阵地，成为恩平抗日救亡的战斗堡垒，对全县抗日救亡运动起了很大的推动作用。后来，其更成为解放战争时期共产党地下活动的重要据点，为新中国成立作出重大贡献。

郑芷腴被称为南粤英杰，他为中国革命事业痛失爱子后，更鼓励自己十多位儿孙投身革命洪流，真的是满门忠烈，家风永红。

郑芷腴先生的六子郑挺秀烈士是中山大学经济系高才生，1933 年年初参加革命，1934 年 1 月，被反动当局逮捕。在狱中郑挺秀备受酷刑，坚贞不屈，同年 8 月 1 日英勇就义。

郑芷腴

家人在相当长一段时间里，都瞒着郑芷腴郑挺秀牺牲的消息。而已是恩平独醒学校校长的郑芷腴知晓大义，他其实已知晓最疼爱的六儿子永远回不来了。他强将悲痛埋在心底，没有畏缩，而是以实际行动表达对共产党的支持。

在郑老先生的鼓励和开导下，他的十多位儿女和儿媳、孙媳投身革命洪流，家庭中有二子二女四孙都在抗日战争时期成为共产党员。七哥郑樵秀先后担任恩平县委宣传部部长及恩平抗日游击队第五团政治处主任。抗战爆发后八妹郑鲁秀入党，广州沦陷后其到粤北坚持抗日斗争，解放战争中任中共台山县委妇女部部长。1939年2月，五哥郑楚秀已是共产党员，经县委指示入君堂乡当乡长，掩护我县县委活动，提供场所为粤中特委和恩平县委接头会面，建立一支隐蔽武装做准备。郑楚秀在乡政府为地下党做了出色的工作。1939年不到15岁小妹郑琛秀就入了党，从事地下工作，曾任区委委员，后又到香港搞工人运动，1948年加入华南解放军。

郑芷腴的孙辈在抗日战争时期入党的有郑雪明、郑斯麦、郑斯彦、郑雪嫦等人。从抗日战争一开始，中共恩平党组织就取得了郑芷腴老先生对抗日救亡运动的支持。郑芷腴秘密安插共产党员在他的学校任教，并秘密掩护，独醒学校成为中共恩平县委活动的据点。

郑挺秀

新中国成立后，郑芷腴被选为恩平县第一届人民代表大会代表。恩平解放后，1950年3月，恩平县召开第一届人民代表会议，郑芷腴先生是特邀代表。本县筹建人民会堂，其被被聘为筹建委员。郑芷腴 1951 年寿终，享年 82 岁。

爱生如子，家风即校风

郑芷腴在家里是开明的好家长，在学校是正义的好校长。当年，他已经是全县颇有影响的士绅人物。但他并非志在仕途显达，而是把自己的一生献给了教育事业也献给了中国共产党领导的革命事业。郑芷腴考取秀才后，即在本村任大馆教员；1919 年恩平县立中学兴办，其被聘为该校学监。1927 年，君堂郑氏高等小学迁址扩建成私立独醒学校，郑芷腴任首任校长。抗日战争胜利后，1946 年独醒学校升格为独醒中学，郑芷腴仍任校长直至 1951 年，前后长达 25 年。郑芷腴把独醒学校办得很好，这使他成为教育界卓有贡献的著名人士。他以开明、正义、进步、民主的思想作风办学，并长期支持革命事业而成为中国共产党的一位可信赖的朋友。

郑芷腴为人公正慈祥，生活俭朴，廉洁自律。作为一校之长，他从不假公济私。在教学上，他一丝不苟，为了解学生的自习情况常到教室巡视。家离学校很近，但他却常在学校吃饭，常关心师生的膳食好坏，甚至连厨房煮饭是否淘清砂粒也亲自过问检查。学生中有个别因家庭贫困被迫停学的，他曾代为交费让其继续上学。学校初时还没办学生膳堂，有的学生家离学校较远，回家吃饭不便，他破例让其与教师搭食。抗日战争胜利前后，由于工农业生产备受破坏，国民党反动政府滥发纸币，币值狂跌、造成物价飞涨。教师生活受到严重威胁，郑芷腴向校董会

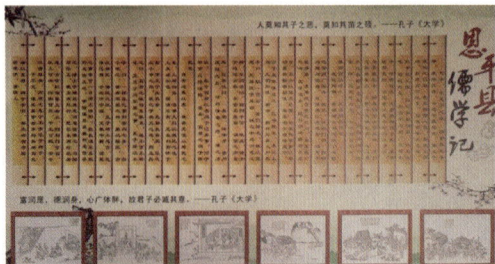

《恩平县儒学记》

建议，将教师工薪由货币支付改以稻谷支付，还指定专人经常到市面探询稻谷市价转告教师，以便适时代售，尽可能减少教师受货币贬值造成的损失。郑芷腴，廉洁奉公，治校严谨，爱校如家，无微不至地关心教师和学生，深得乡民和学校师生的敬重。

聘良师，育英才。郑芷腴常说，要办好学校，必须选聘良师，并要尊重教师，信任教师，使人尽其才，各尽所能。当年，独醒学校的师资质量是比较好的，升格为中学后，第一次就通过广州市肖曙华（中共地下党员）聘请了陈玉钿等五位中山大学毕业的青年教师和岭南派国画家李守真来校任教务主任、教师。此外，如林之纯、张文源、谭亮、朱秀雯等都是高学历，有专长，而且思想进步、朝气蓬勃的优秀教师。这些教师不仅对课业胜任有余，而且对课外活动尤为活跃，如举办全校运动会，组织课余画社（大风画社）、文娱晚会，演唱解放区革命歌曲、秧歌舞，形式新颖多样，内容进步。这些活动，既有利于教师与学生、学校与乡人的沟通和联系，又宣传了民主政治、进步思想，融合了时代形势的要求。这些课外活动引起了国民党当局的注意，派人来校"了解调查"，但郑芷腴指示教导主任向督学报告只谈正课及体育成绩，其他课外活动不谈。

写校歌，振抱负。郑芷腴利用课会组织学生参加革命活动，这已成为独醒学校一项至为突出的优良科目。早在抗日战争全面爆发后，郑樵秀、郑鼎诺等进步青年就与该校的进步教师梁文颖、潘若茵等在学生中组织读书会、篮球队，教唱《马赛曲》《国际歌》《义勇军进行曲》等革命歌曲，出版宣传抗日救亡，反对黑暗独裁的《萤火》等刊物。抗日战争全面爆发后，活动更为广泛、深入、活跃，该校成为当时全县抗日救亡群众运动的一个重要基地，对全县抗日救亡运动起了很大的推动作用。郑芷腴反对读死书，主张读书不忘救国，他办学育才，主张面向时代潮流，选聘良师，不拘一格，兼容并包。郑芷腴还亲自撰写《独醒校歌》歌词："伟哉独醒，气象堂皇，钟灵毓秀，山远水长，教施五育，誉满四方。咨尔多士，济济一堂。今通古博，诚志高昂，望扶摇而直上，历万里与翱翔。集民族之精英，树国家之栋梁。勉族吾辈青年，务为独醒争光。"歌词表达了他毕生致力人民教育事业，为振兴中华而培育人才的抱负和敬业乐业的精神。

站得高，望得远。1949 年夏，国民党县长冯岳亲自出马威逼利诱郑芷腴出任乡长，他断然拒绝。他坚信共产党必胜，国民党必败。1948 年秋，解放战争已转入全面进攻并取得节节胜利的时候，有一次他的孙子郑思确在一本古籍书中看到一段文字："师直为壮，曲为老。"由于不得其解，遂请教其祖父，祖父答道："师，是军队，直，是正义，壮是勇敢善战。反之，曲，是非正义，老，是衰老，不堪一击。把全句的意思串起来说：正义，是军队出师有名；战则常胜，非正义的军队，战则常败。共产党常常以数量少、装备差的军队，战胜了数量多、装备精的国民党军队，这就是很好的例证。"郑芷腴的讲解，古为今用，深入浅出。句子解透释活了。他学识渊博，又站得高，望得远，真是难能可贵。

郑氏的家风故事很感人，郑润霖开一代学风成祖德，慰农堂的育人故事永远流传在恩州大地，他那"手植三槐"福泽子孙后代的教育理念和情怀，永远感召着后人。郑芷腴校长深知家国一体不能分，在教书育人的同时，建设好自己的家风。他是一个爱国的民主人士，但他终生信仰中国共产党，坚定跟党走的信念和信心，自己通过办学掩护党和游击队战士，更鼓励家人直接参加中国共产党领导的革命斗争，在他的影响下，其全家参加革命事业，有的还英勇献身。中国历代知识分子都有厚重的使命感，"修身，齐家，治国，平天下"在郑芷腴心里根深蒂固。他的言行，他的红色家风，真让我们为之骄傲。历史和人民没有忘记这位把子孙送入革命队伍、一心支持革命的进步民主人士。人们在独醒中学为郑芷腆老校长修建了纪念铜像，让我们永远记住这个满门忠烈，家风永红的不朽的教育家。郑振秀一生致力读书成才，其心心念念的是祖国是家乡，用心培养家乡父老乡亲的后代。其永远影响着人们热爱学习，追求真理，从而成就美好的人生。

第九章 | 那山那水那吉人，清勤善睦恭，渊贻能德美

美丽的城围村

那山那水那吉人，从来都有一种精神在闪光。那就是这方山水的人们世世代代刻苦坚毅，勤劳俭朴，兴家立业。这里选取了城围村和聂村普通百姓的美德家风故事来表达这种精神。其实这样的故事在每个村子都有很多，都是非常普通的，没有什么惊天动地的业绩，也没有语出惊人的金玉良言，但他们每一个家庭成员都互相爱护、互相提携，一家人同甘共苦、勤劳俭朴，一心为家庭幸福日夜操劳，毫无怨言。他们的长辈们也没有读过多少书，文化水平不高，但他们的治家方法和内涵从来都是口口相传，他们的家训，未必蕴含丰富的哲理，但很是通俗易懂，常常让孩子们感到醍醐灌顶，总能让儿孙后代记在心间，活学活用，育人的奇迹在不知不觉中发生。好好总结其中的经验，

能推动美好家风建设的实践，让人启发良多。

标徽藏内涵，城围家风俱澄源

城围村，那吉那西的一个美丽山村，立于小盆地间，远看峰黛近看山青，村前茂林修竹，小河蜿蜒而去。开村已有 600 多年的历史，有史以来人们十分重视传统美德家风的传承，该村还是一个革命老区村。

在抗日战争和解放战争时期，村民英勇无畏，积极投身革命运动，成为全县支持中共游击队开展武装斗争的一面旗帜。如今，本村乡贤起带头作用，海内外乡亲热心公益事业，踊跃捐款筹集资金用于美丽乡村工程。

为营造良好的家风村风，村里重建书馆。书馆用石头建造，外形新颖别致，其建筑风格省内外少见，室内布置体现祖训、家训，还有精彩的红色故事，大大丰富了村民的文化生活，起到鼓舞人、教育人的作用。

这里，先从"澄源堂"标徽说起，何氏族人特意设计了一个标徽式家训"澄源

抗日战争时期，那吉圩村民宣传抗日

堂"。我们可以看到他们族人营建家风的智慧，"澄源"，是非常形象的族训。从人性角度，从道德规范出发，澄源，这是对人的本质美的要求，何氏族谱这标徽阐述得非常好，深入浅出，简明扼要，精辟到位。这里，人们会看到城围何氏家风的本质。"澄源"是澄清水源，保持源头清纯，流动不息的意思，喻指保持事

物的本质、根源或基础的纯洁和清明，不受外界干扰和污染。

　　"连环画祖训"又是一大亮点。书馆里，除了挂孔子像、传统家训，墙壁上更醒目地挂着很是吸引人的"连环画祖训"——那是村民与游击队建立的军民鱼水深情的故事。打倒日本帝国主义，推翻国民党反动派的统治，建立新中国，被村人认为是最大的善。

何氏家风图

　　为体现祖先立训的英明，澄源堂成为学子的书馆。书馆里面悬挂着醒目的红色家训：传承红色基因，赓续革命血脉。这让人一看就懂，它和另一个体现传统美德的家训相得益彰，形成了一个一脉相承而不可分割的整体。

　　"清勤善睦恭，渊贻能德美。"这十字格言，凡是进入本书馆读书的孩子必须懂得。它从道德的高度要求族人子孙后代纯洁本性，从日常生活中，无论小节大事，担当做人，高尚做人。下面我们可以略做释义。

　　清廉勤恳，人生方向与目标清楚，处世勤勉。要求子孙清勤自矢，不负家国。为人友好善良，而且容易让人亲近。心地仁爱，品质淳厚，积德行善，惩恶扬善，对人谦恭，有礼貌。

　　做人立言立德立功，努力做学识渊博的人。人生不要犯错，或做出可耻的事，害人害己，贻误前程，贻笑大方。做人要有智慧和能力，要有自信，力所能及，胜任所为，努力成为有用的人才。而要成才，人生过程最重要的是使自己德才兼备，而且还要成为一个懂得审美爱美的人，做一个灵魂高贵的人。

纵观何氏"标徽族训""连环画祖训"，还有城围村家训都突出了族人对人生本质要义的思考，无论在何时何地，薪火相传，赓续血脉，纯洁高尚的人生，激励族人追求高尚，是鼓舞后代万世，不忘初衷，砥砺前行的根本。这种家风的形成，有着深沉的智慧思考与总结，对人生非常有指导意义。

惩恶扬善为家国，手持剪刀干革命

在白色恐怖年代，该村人民不畏强暴，积极投身革命运动，是恩平境内支持游击战争的一面旗帜。

村民为了支援祖国解放，二话没说，将自己山林河畔的大树锯下来，送到阳江海边船厂为南下大军造船。还有裁缝师何英赞一家联合全村人家，手持剪刀干革命，日夜操劳为解放军缝制军服。

解放战争期间，城围村游击活动非常活跃，大批热血青年参加游击队，随后参加人民解放军。

正当革命队伍不断壮大，各种军需物资短缺之时，垂死挣扎的反动势力，加强对革命人民的疯狂迫害。只要被反动派抓到把柄，就有杀头之

那吉镇革命老区

虞。何英赞竟在黎明前最黑暗的时候，不顾个人安危，从事一项紧迫的革命工作，他拿起剪刀，剪出一段辉煌的人生路！

何英赞小时候聪明能干，父亲把他送到恩城学裁缝，学成之后，在恩城从事制衣工作。他手勤脚快，深得老板器重。本来凭借裁缝这门手艺，他可以衣食无忧。但

城围村书馆家训

他深明大义，为了摆脱旧世界，为了更多人过上好日子，何英赞冒着掉脑袋的危险，回到家乡帮助游击队做军服、军帽。他夜以继日地手持剪刀，脚踏缝纫机，为解放军赶制出1300余套军服、军帽，他的义举受到陈沙浪首长的高度赞扬！

战争的烽烟早已消散，但城围村的红色印记永远烙在村民心中，何英赞的革命故事依然广为流传。一座山村，最好的家风和村风就这样形成了，值得人们好好学习。

家风形成村风，村风反哺家风，城围村就是如此，这是一种时代的进步，有着中国式的文明提炼。吃水不忘挖井人，翻身不忘共产党。城围村人在自己的家教中，除了讲述传统美德之外，在解放战争时期，全村家庭自觉支持游击队、保护游击队，像家人一样给吃给穿、送医送药。

由于得到很好的传扬，慢慢地村民就有了集体记忆，就有了赓续革命血脉的"红色"家训。现在城围村的村风非常好，村中的文明建设有了空前的进步，美丽乡村建设造就了一道山村的亮丽风景线，得到了全社会的认同。

城围村的精神文明建设一再证明，家风与村风是息息相关的，一户一户美好家风让村风有了良好的基础，对族人的影响是巨大

的，集腋成裘，村中就有随时动员起来解决村中困难的强大力量，建设好家乡的角角落落，使村人生活安康稳定，幸福绵长。

在家风村风建设上，城围村人确实善于觉悟，善于修身，齐家，自信坚定，敢想敢干，不论贫富，但求磊落，穷不改初衷，富不忘桑梓，不忘初心，牢记使命，永远跟党走。这就是城围村人最美好的家风、最有精神力量的村风。

卓尔不凡因石屑，人生大厦如此构建

石屑虽小，贡献一样巨大。一座大厦拔地雄起，千离不开万离不开让大石垒得稳固的小小碎石屑，做人要立大志做大事，必定也是离不开每一件不起眼的小事作为"石屑"，人生的大厦才能建筑起来。

城围村是那吉镇的历史文化名村，坐落在牛塘山和八脸岭前面。虽然是山村，但是格局开阔，可远眺大人山。仙人塞海建"皇城"的故事就与城围村有关，这是古代城围村人智慧的美誉。村子的创立不但留下动人的城围传说，而且一直人才辈出，还是解放战争时期的革命老区村。

当年，村人组织起来，男女老少都积极参与为解放军缝军鞋、军帽，支援祖国的解放战争，响应政府号召，把村后的大树砍下，自发送到阳江造船，支援解放海南岛战役，英雄事迹可歌可泣。

其中何卓一家成为支前的模范，那时他还是个英俊少年，就已经成为参加革命的通信员。何卓家境贫寒，但父母把所有的粮食都拿出来接济游击队员。这样的英模村，在社会主义农村建设高潮中，不断涌现出建设人才，其中不乏佼佼者。

20 世纪 50 年代末，何卓被派到恩平最大的锦江水库工地带领本镇的青年民工参加锦江水库大坝的建设，他作为共青团的领导，身先士卒，团结大家巧干大干，很快成为全县青年学习的好榜样。1958年，何卓被选为杰出代表参加湛江的广东青年工作会议，受到领导人的接见。后来他的队伍又被派往京广铁路湖南段修筑铁路。无论被派到哪里，他的工作都是十分出色的，并且做一行爱一行，成为创新攻关的尖兵。过了两年，家乡成立建筑队，他又被召回担任建筑队的主要领导。

何卓从小喜欢琢磨河里的石头，目睹村人把石头搬回村上建房子，他深感兴趣，总在一旁揣摩，那么大的石头一个一个地垒起来，一道大墙却端正笔直，他实在搞不懂，想来想去，便向建筑师傅问个究竟。建筑师傅看看他却是笑笑不语，然后用锤子砸开一些碎石片，故意拿起来往空中抛起来，接着将它往石头缝插，搁在墙上的大石就安然不动了，慢慢墙就筑起来了。于是他照葫芦画瓢，果然他也能砌墙了，高兴得不得了。他心里想，一座大厦拔地雄起，千离不开万离不开让大石垒得稳固的小小石屑，做人要立大志做大事，必定也是离不开每一件不起眼的小事作为"石屑"，人生的大厦才能建筑起来。我们要成长为栋梁之材更需要不分贵贱，不分职务大小，团结一致，从小事做起，才能有所成就。建筑学徒这一课真让他收获颇丰，"石屑"垒墙的故事影响了他的一生。

年轻时代的何卓，靠着自身的觉悟和对生活、对工作的热爱，建立起人生的理念，凭着一身建筑技艺和果敢智慧脱颖而出，成为享誉八方的建筑师，很快成了那吉建筑队的主要领导。何卓一生勤奋，努力工作，热爱家乡的一草一木，所有的汗水都流在家乡的建筑工地上。他特别爱护青年一代，被他提携成长的青年不计其数。他对工作精益求精，追求工匠精神，如他要培养一个人才，自己亲自从实践中出题考试，一把鲁班尺、一把水平尺、一个线秤砣，被他玩得出神入化，跟他当学徒的青年没有一个不被严格训练，没有一个不能独当一面，所以当年他的建筑队的建筑水平和工程质量都是一流的，享誉全省。

20 世纪 70 年代，何卓领导的那吉建筑队成为恩平第二建筑公司的核心，何卓已经被大家称为"卓叔"。卓叔抓住改革开放的时机，不断创新，组织了近千人的工程队开进了广州市，承建广东省总工会八层高的综合楼后，他和他的工程队一举成名。当时我国的高楼大厦不多，没有经验可循，所以有亲友劝他不要轻举妄动，弄不好是要吃大亏的。何卓冷静下来后，和工程队设计人员日夜论证，细心设计，每天拿着图纸顶着烈日，和工人一起在工地扎铁、拌水泥、做实验、做分析，然后加强管理，精心施工，使得每个工程进展顺利，质量过硬，受到各方的肯定和表扬。因此，许多热爱建筑的青年奔他而来，个个都成长为出色的建筑师，都跟着卓叔走南闯北，为祖国建设作出贡献。

卓叔率领工程队在广州华工开展基建的时候，他感觉自己迎来了一个机会，要使自己不断进步，让思想和技术都适应时代的要求。他一有空闲就自觉学习，让自己跟上世界的建筑潮流，不但自学，还到大学课堂旁听。后来他还鼓励自己的孩子何东凡考取华工建筑系。当何东凡大学毕业后，卓叔便鼓励他到艰苦的工地去锻炼，经过时代大潮的洗礼，东凡已经初具影响，成为一个独领风骚的城市建设者，名扬珠海，饮誉四方。

孩子有出息了，卓叔也从工作岗位退了下来，但他对儿孙的要求更高更严格了，但对邻里更加宽容。虽然子孙不能经常在身边，但是家人互相关心、互相爱护，他要求儿孙在外必须更加努力工作，必须更加谦虚谨慎、低调生活、严格自律、清正廉明，这是对祖先的忠诚，对父母最大的孝；同时要学有所成，不论家境是否殷实，都要报答家乡，一定要懂得感恩父老乡亲。

父子俩对家乡感情很深，可谓同心同德建设家乡。最近，卓叔更以 85 岁高龄奔走在家乡的道路上，父子俩对家乡村场全新布局设计，突出了石头村的文化魅力，更让人敬佩的是他们父子带头捐款几百万元，筑村场，修鱼塘，铺设乡道、巷道，建村中文史馆、书馆，呕心沥血，大事小事都亲自处理妥当。建设家乡尽心尽力，成了十里八乡的楷模。

族人团结，民风淳朴，传承红色基因，赓续革命血脉。何氏家风文化，独具创意，教育启迪意义深刻，可谓匠心独运。在传统美德的家风文化建设上，族人十分注重细节，最美的是朴素实用的"石屑精神"。建筑一座大厦，看起来大石头很重要，但是如果没有小石屑的辅助，那高高的大墙是砌筑不起来的，大厦就盖不成。所以万丈大厦从一沙一石做起，高墙巍峨，不论大石头小石屑，实质上都具有同等价值。所以要从甘当配角开始，从小不点成长，这是一种纯洁的伟大的修养。何卓能卓尔不凡成境界，就是从这种认识开始，崇尚清纯做人，廉洁奉公，艰苦奋斗，矢志不渝，创业兴家兴国，已成为族人的集体意识。城围村的家风形式新颖，内涵丰富，红色元素突出，简明大方，个性鲜明实用，值得学习。

尚勤诚懒致富数第一，壬子伯教子有方故事永流传

家风，重要的是让后代懂得尚勤诚懒。那吉镇那北村委会聂村位于高高的九头山下，有近 400 年的历史。这里是山区，民风淳朴，家风良好，勤劳创业，不少村民致富后在恩城买楼起屋，日子过得越来越红火。聂村人有着世世代代相传的家训：第一富，鸡啼三更离床铺；第二富，养猪嫲兼磨豆腐；第三富，手足不停理家务。第一穷，朝朝睡到日头红；第二穷，烟枪一掂乱哄哄；第三穷，丢下田土不耕种。用通俗易懂、浅白生动的语言教育下一代，做人要勤俭，不要懒怠，否则永远摆脱不了贫穷的命运。

一代又一代的聂村人谨记通俗明了的家训，并以此为鞭策，

聶村家風圖

艰苦创业，勤俭节约，为创造美好生活而努力。下面分享一个家庭三代经商从担货郎到去外国开办公司艰苦创业的传奇故事。

20世纪70年代，时年60岁的村民梁壬子（人称壬子伯）被那吉公社工商所批准成为卖货郎。年轻时，他曾在外地帮人卖过咸鱼、咸虾，收过鸭毛、鹅毛，后回家耕田，由于有一定的经商经验，被公社选定为全公社唯一一个卖货郎。卖货郎就是挑着担子走街串巷、贩卖商品的小贩，也叫担货郎。那时候商品销售渠道不发达，交通也不便利，就催生了担货郎这个职业。壬子伯用扁担挑着两个大箩筐，里面装满雪花膏、火柴、花头绳、针头线脑、顶针子之类的日用小百货，还有一些零食，走村串户，手摇拨浪鼓，村中男女老少，听到鼓声后就会一齐围上来，选购自己需要的东西，有的还用鸭毛、鹅毛来换。不论刮风下雨，壬子伯每天都担着货品，早出晚归，不辞劳苦，为群众送去日用品。

"鸭毛鹅毛换火柴"就是壬子伯的口头禅。那时候壬子伯就显示出了生意头脑，有一次，他收购了一副牛骨，转手后获利16元，当时这个价钱可买到100公斤稻谷。壬子伯成为担货郎时间虽然较晚，但他热爱这个职业，深信只要勤劳就能过上好日子，以身作则，希望用行动把这种观念传承给下一代。1999年在他91岁临终前把三个儿子叫到跟前，说："如果你们三个都不接过我这个扁担，我会死不闭眼呀，我的后代必须尚勤诚懒！"

受父亲言传身教的影响，三个儿子传承了壬子伯的精神基因，继续把创业事业发扬光大，三个儿子接过了壬子伯辛勤的"扁担"。大儿子继续从事担货郎工作，二儿子梁托强和三儿子梁开明开始走出去学习做小生意。特别是梁托强凭着超前的眼光和吃苦耐劳的精神，一个"勤"字贯穿人生始终，常常是早晨五点就起床，不管刮风下雨，都动摇不了他的"买卖"。他从街头小贩起家，家业越做越大。年轻时，梁托强曾在"农建兵团"修水利，也在电站工作过，后来回到聂村，任那北大队负责人，做过大队会计、副队长、民兵营长。20世纪80年代，改革开放的春风吹拂大地，开辟了中国特色社会主义道路，开启了中国经济繁荣发展的新篇章。在这股春风的吹拂下，梁托强意识到创业的机会来了。1985年，刚结婚不久，夫妇俩决定走出山区，到外面"试试水"，先在恩平车站附近摆地摊，开起夫妻档，主要卖橘子、豆豉、鸭蛋等。

　　什么都要抢先一步，提到创业初期的艰辛，梁托强记忆犹新："当时我们在市场进蔬果很不容易，不早起排队是要不到新鲜好货的。"长年累月都用得上的"勤"字，再加上由于省吃俭用，两年后他积累了第一桶金。不久恩城河南市场开张，他们到这里租了个固定摊位，结束了流动摊档的生涯。有了固定摊位，售卖的物品也增多了，种类扩展为食品、饮品、日用品。梁托强夫妇坚信：没有卖不出去的货，只有卖不出去货的人。夫妻俩起早摸黑，进货、出货、信息、人脉、宣传，从不懒怠，由于诚信经营，回头客逐渐增多。他们是小本经营，生意做得并不大。有一次，在进货过程中，他了解到，从事食品批发出货量大，利润也不错，于是到恩城万兴路租了一个铺位做批发生意。长长一条万兴路全部是搞批发的店铺，恩平人叫"猪笼街"也叫批发街，全市大多零售店都是从这里进货的。委内瑞拉客商也在这里进货然后通过货柜运出去。

　　梁托强非常注重宣传推介工作，为了提高业务量，他特别"勤"动脑筋，从勤动手脚到勤动脑筋他来了一个飞跃。他看准一个做洋生意的机会，当时花了120元托人在委内瑞拉华人报纸登了一次广告，效果非常明显。后来委内瑞拉商人陆陆续续拿着报纸找上门，要求进货。这次推介非常成功，作为第一个"吃螃蟹"的人，业务量大幅提升，梁托强夫妇靠着灵活的头脑，在批发街实现了事业的新飞跃，由于货品流动量大，生意越做越红火，从原来一个铺位开到三个铺位，夫妇俩忙不过来，请了几个帮工。后来两个儿子、侄子毕业后也来店铺当帮手。仅出货到委内瑞拉这一项，最高峰时年赚几十万元。

随着生意业务量不断增大，以及跟外界客商的接触越来越多，梁托强夫妇再一次把眼光投向了国外——委内瑞拉。生活在委内瑞拉的恩平人有几十万，其中不少人开杂货铺，很多从中国进货。2007年，他先后安排19岁的侄子梁树贤、20岁的二儿子梁满堂到委内瑞拉了解商情。在梁托强的指点下，兄弟俩分别从打工开始，慢慢积累异国从商经验。父亲经常对他们说："闹市一尺胜过百亩良田，但你们还是要记牢'尚勤诚懒'。"梁满堂谨记父辈的教诲，就是谨记祖先留下的万贯家财："第一富，鸡啼三更离床铺……第一穷，朝朝睡到日头红……"

梁满堂凭着吃苦耐劳的精神，开始自立门户经商。第一宗生意是卖蒜子，梁托强将1000多斤蒜子寄运到委内瑞拉，梁满堂在异国他乡，也是跟父辈一样起早摸黑，骑着三轮车到街头售卖，跨出了在外国创业的第一步。后来，在梁托强的资助下，梁满堂开始试着开办杂货铺。由于前期有了一定经验，生意逐渐步入正轨，积累了资金后，经营不断扩大，现在在委内瑞拉开有杂货铺、电子商行、物流货运公司、电脑城、汽车修理行等，拥有商铺10多间、运输车10辆、员工60多人，在国内也开办有三间货运公司。

梁满堂在做好生意的同时，还积极参与社团活动，他担任委内瑞拉华人华侨中国和平统一促进会常务副会长、委内瑞拉全国华侨华人联合总会委员等职务。2018年10月，他应邀回到中国北京，参加"中国和平统一促进会九届二次理事大会暨庆祝中国和平统一促进会成立30周年大会"。梁满堂虽在国外，但心系家乡，热心家乡公益事业，经常为家乡建设出谋划策。2019年春节，他回国给聂村75岁以上老人每人发放200元慰问金，受到村民的赞扬。

勤俭能致富，懒怠会贫穷。梁托强一家三代白手起家，艰苦创业，勤俭持家，一步一个脚印，蛋糕越做越大，付出汗水的同时，也给自己带来富足的生活。他们以身作则、言传身教，让良好的家风代代相传，为我们树立了良好榜样。如今，梁托强夫妇虽已成功交棒，退居二线，但不做闲人，每天仍在家包粽子卖，做好勤劳表率影响下一代。人生道路千万条，不论在哪个岗位，只要勤劳节俭、诚实待人，不走歪路，付出汗水一定会有回报。

聂村人把农耕社会人们为何富、为何穷用两个字概括，一个"勤"字，一个"懒"字。他们朴素地理解到深刻的道理，勤与懒决定了人的命运。不管你干哪一行，你若是勤奋，坚定不移走好以后的路，人性的优点就表现出来，成功的机会就有了。如果懒，就什么事情都没时间去做好，如果还染上吸毒的恶习，不耕种土地，就休想丰衣足食了。对于"勤"与"懒"的道理，农民乡里用自己的切身体会讲得很朴实，简单明了，重要的是让后代懂得尚勤戒懒。推广开来，可适用于任何方面，很有哲理。这使我们联想到历史上一些哲人的家训，如出一辙。

勤劳的那吉人民

早起为什么重要？因为能不能做到和坚持早起，体现出一个人的心性和习惯，能否做到自我约束、是否具备恒心和毅力、是不是勤奋努力，而这些无论对于做人还是成事，都是最重要的根基。

　　中华民族以勤劳勇敢著称于世，勤劳创造世界，创造未来。只有珍惜时光，勤奋学习，勤奋工作，坚守岗位本职，一步一个脚印，永不懈怠，才能实现复兴中华民族腾飞之梦。由此可见，只要是优秀传统文化，历经百年，也能适用于当代。壬子伯一家用自己的亲身经历总结出人类的优秀品质，于家于国理应尚勤戒懒。勤字当头万事兴，家风由此代代传。

<table>
<tr><td>第十章</td><td>信仰领航人生，
家风光耀门庭</td></tr>
</table>

温文爱家庭被评为全国最美家庭

本章选取了 6 位在新时代创建美好家风的模范人物，她们的名字是温文爱、梁述霞、彭玉芝、郑秀琼、梁锦花和卢彩霞。她们都来自普通人家，却又有不一样的家庭担当，她们用爱和智慧构建自己不平凡的人生。她们演绎的家风故事各有特点，感人至深，受到大家的赞美，她们的家庭分别获得全国和省市的嘉奖，个人也获得各种荣誉称号，她们都是我们学习的好榜样。

共产党是救命恩人，听党的话才有幸福的家

1946 年，温文爱出生在恩平市良西镇坪顶村一个农民家庭。

温文爱

温文爱的父亲温武长，在新中国成立前一直靠卖豆腐维持生计。因为时常要走街串巷卖豆腐，温武长慢慢就与当地抗日游击队有了联系，借助卖豆腐为游击队传递情报，游击队也把他家当成其中一个落脚点。温文爱出生不久，其父亲温武长突然被抓，关在良西横屋村的乡公所，被严刑拷打，但没有吐露半点游击队的情况。父亲被抓走后，家里失去了经济来源，母亲身体又不好，于是让外婆把刚出生的温文爱送人，以减轻家里的负担。当时，游击队队长冯超知道情况后马上带人解救温家。

不久温文爱便得了重病，家人准备把她放到路边，看有没有人能救她一命。小文爱已经奄奄一息，家人痛哭流涕，不愿失去自己的骨肉。游击队队长冯超得知这个情况后马上带药秘密赶到温家，小文爱也得救了。后来，冯超经常带着好吃的和药品来看望小文爱，慢慢地温家成了游击队活动的落脚点。

温文爱渐渐长大，母亲曾多次跟她说起这段往事，叮嘱她要铭记党的恩情。父亲温武长被解救出来后，借卖豆腐为名继续给共产党传递情报，直至解放战争胜利。因此，党给了温家"堡垒户"的光荣称号。

五粒糖、一条小手帕和一个茶杯

当年，小文爱长得活泼可爱，游击队队长冯超常常来温家看望，还给小文爱带来礼物。那是五粒用一条小花手帕包着的糖果，还有一个有着独特含义的茶杯。那些糖果，小文爱不舍得吃，都一粒粒分给父母和大家，让家里温馨无比。文爱对手帕十分珍爱，把它放在口袋里，常常拿出来看，每次擦过汗，都洗得干干净净，小心折叠好。后来，冯超因革命工作需要，远离了文爱一家。文爱那心爱的小手帕用了好多年，破了，文爱就缝补好继续用。那个茶杯是她当干部时使用的，温文爱把它捧在手里，心里感到特别温暖。温文爱以它激励自己一定要饮水思源，永远跟党走。父母疼爱她，常常表扬她懂事，嘱咐她一定要下功夫好好读书，报答共产党的恩情。文爱在学校一直很优秀，并且光荣加入了共青团。

衣服旧了破了，但思念永在，亲情永在，温文爱家风中透着朴素的美

温文爱常常拿出一件破旧的毛背心，特意穿给大家看。这是一件已经褪了色泛白了的浅蓝色毛背心，有四个纽扣，她解开纽扣时，小心翼翼，生怕弄坏了，衣服虽然旧，但干净整洁，熨得平整自然。

她看着这件毛背心，脸上洋溢着幸福的笑容。这件毛背心陪伴了她六十几年，她从13岁一直穿到现在，毛衣破了又补，补了又破，由原来的长袖穿成短袖，再后来剪短变成背心继续穿。她像宝贝一样一直珍藏着。这样做，岂止是"当思一缕一丝，恒念物力维艰"，更是珍惜家人的爱。

温文爱说，这件毛衣是一位亲戚从美国寄回来的，但当时他们没钱给邮费拿不回来，于是母亲把家里的猪卖了，付了邮费把这件毛衣拿回来给文爱穿上，为的是让她在温暖中好好读书，

将来好好报答亲人，鼓励她一定要记住"受人滴水之恩，当涌泉相报"。

虽然时过境迁，妈妈和那个亲戚都不在了，但那件羊毛衣还在。许多时候，温文爱还特意穿在身上，感受母女情深，她说妈妈的爱永远温暖着女儿的心。

睹物思人，爱的思绪就会泛起，就会思念亲人，心中涌起爱的热力，身上增添了爱的力量，什么都可以丢掉，唯独这件毛衣不能丢掉，什么都可以忘记，唯有亲情，唯有爱不能忘记，穿在身上想起亲情的力量，倍感温暖，倍感幸福。

光荣的辅导员

20世纪60年代，温文爱高中毕业后回到家乡务农，那时村里中学生还不多，老一辈的乡亲大多是不识字的，适逢全国上下掀起学习毛主席语录的热潮。温文爱自己把许多毛主席语录背诵下来，并且学会结合实际讲解。她学得快，理解得好，讲得生动传神。大家很喜欢这个活泼可爱的女孩，她自然受到领导表扬。不久，她觉得父老乡亲需要帮助学习，就主动向支部书记申请成为一名辅导员。很快，她如愿以偿。白天到田间劳动，晚饭后到大队部做广播宣传好人好事，有空就背诵毛主席语录，并写好第二天的辅导课方案。每晚如此，风雨不改。

宣传毛泽东思想，温文爱不遗余力，地里田头，街头巷尾，她拿着一个喇叭，见到群众就宣讲。她还结合本村贫苦农民的故事，讲解不忘阶级苦，永远跟党走。她为了讲好故事，还亲自搭舞台，做道具，自己登台做主角。一次，临时搭建的舞台倒塌了，她的头被戳破了，鲜血淋漓，卫生员给包扎好伤口，她又兴奋地登台演出了，观众们报以经久不息的掌声。

1966年，她以优异的成绩从高中毕业。毕业后积极参加生产队劳动，当上了学习毛主席著作的优秀辅导员。她言传身教，能唱能跳，用生动活泼的形式带领大家活学活用，还学会运用毛泽东思想解决工作问题，成绩优异。1966年10月18日，她和弟弟温栋荣作为优秀学生代表去了北京，得到毛主席的接见。

温文爱清楚地记得，当时她坐在观礼台，最近的时候，离毛主席只有一两米。毛主席还亲切地和他们打招呼，嘱咐他们要好好学习、努力工作。温文爱心里永远珍藏着这段幸福往事，每当想起，温文爱眼里便闪着幸福的泪光。

从伟人格言里找到家风活的灵魂

温文爱对毛主席语录做到了学以致用，并且生动自如地运用到家庭家风建设上，毛主席语录成为温家的品牌家训。她的家庭被评为"全国最美家庭"是当之无愧的。

温文爱很自然地把伟人的格言结合到家庭生活中，时刻用伟人的思想要求子女与其他家属成员。日子久了，家人们也和文爱一样记住了伟人的语录，并将其作为人生前进方向的指南。

"白求恩同志毫不利己专门利人的精神，表现在他对工作的极端的负责任，对同志对人民的极端热忱。"温文爱一生都是这样要求自己和家人的，因而左邻右里都非常尊重她。毫不利己，专门利人，是温文爱的人生信条，她给子女树立了好榜样，对家风影响极其深刻。

"一个人能力有大小，但只要有这点精神，就是一个高尚的人，一个纯粹的人，一个有道德的人，一个脱离了低级趣味的人，一个有益于人民的人。"温文爱要求子女亲人从做一个纯粹的人开始，成为一个脱离低级趣味，有道德，有益于人民的共产党员，这是十分难能可贵的。

"一个人做点好事并不难，难的是一辈子做好事，不做坏事……"对此温文爱领悟也很深，她认识到做好事是一辈子的事，人生不完美，但是人一辈子都要有一颗善良的心，都为他人着想，都为社会着想，都为国家着想，一辈子都做好事。

"我们的同志在困难的时候，要看到成绩，要看到光明，要提高我们的勇气。"温文爱坚信人生过程的意义就是要确立斗争精神，越是困难的时候，越是要看到自己的努力必有好的结果，好的回报。要高度信任自己，道路虽然曲折，但总能走进光明的前景。坚信明天会更好，鼓足勇气，与困难做斗争，最终夺取胜利。

温文爱把毛泽东思想运用到家庭建设上，让每个家庭成员思想上充满正能量，行动上跟党走，全心全意为人民服务，从这里开始找到家庭幸福的基石，美好家风就这样形成了。

做一粒有信仰的"种子"，红心向阳跟党走

新中国成立后，温武长一家被认定为"堡垒户"。在父母言传身教的影响下，温文爱 22 岁就加入了共产党，成为一名真正的革命事业接班人。

温文爱不断接受思想淬炼，不断通过政治历练和实践锻炼提高思想政治觉悟，对照党章党规党纪，经常进行"政治体检"，查找差距不足，振奋精神状态，知重负重、勇担使命，培养求真务实、真抓实干作风，不受虚言、不兴伪事，勇敢经历"风吹雨打"，做一粒有信仰的"种子"，红心向阳跟党走。

温文爱姐弟三人的爱人也都是党员，其中大姐温文爱、二姐温明爱的丈夫和温栋荣的妻子的党龄都超过 50 年。

1969 年，温文爱成为良西镇那湾大队党支部书记。在工作中，她与时任大队支部副书记的岑长业配合默契。两个有同样理想的年轻人，在工作中相识相知，建立了深厚的感情。1973 年，两人喜结连理，后来，因组织需要，温文爱到了教育系统工作，在市里幼儿园工作十几年，桃李满天下。岑长业先后转至水利和城建系统工作多年，奉献了自己的青春。他们夫妻二人相濡以沫，共同奋斗，都在各自岗位上做出了一番成绩。

1971 年，二妹温明爱在恩平邮电系统工作，担任接线员的

她与丈夫唐树洪在相识之前还有过一段浪漫的小插曲。唐树洪和温栋荣是江海中学的校友，也是一同参军入伍的战友。退役后，唐树洪回到恩平宣传文化战线工作，他经常要打电话对接工作。过去的电话没有自动交换设备，都是靠人工转接，要先致电总机，等总机接线。唐树洪说记得当时有一位接线的女同志服务态度特别好，声音很甜，经过一段时间接触，两人慢慢相爱了。时间过去数十年，对于这段奇妙的"相遇"，唐树洪依然印象深刻。对于这段一开始"只闻其声不见其人"的奇妙缘分，现在两位老人回忆起来脸上依然洋溢着甜蜜的笑容。

两位姐姐都在工作中找到了志同道合的伴侣，弟弟温栋荣和妻子古建平的故事则是在枪林弹雨的战场上开始的。古建平是东江纵队"全国战斗英雄"古兴的女儿，受父亲影响，古建平也成为一名军人。她说，自己与温栋荣是出生入死的战友夫妻。温栋荣说，他的太太出生在军人家庭，在部队长大，他们两人当时都是前线指挥部的工作人员，在部队相识相知相爱，并先后加入中国共产党。两个年轻人的家庭都有着光荣的红色基因，这也算是门当户对吧！温栋荣说着往事很自豪。夫妻二人怀着共同的信仰，携手走过数十年风雨，迎来了中国共产党成立 100 周年的伟大时刻。看到丈夫获得"光荣在党 50 年"纪念章，古建平无比激动地说："我们永远跟党走！"

美好家风"传帮带"，老一辈的责任就是提携带动下一代

温家 6 位老人都 70 多岁了，他们工作时兢兢业业、勤勤恳恳，展现了共产党员的使命与担当。50 多年的在党岁月，老人们见证了在中国共产党的正确领导下，中国发生的翻天覆地的变化。

现居广州的温栋荣带上妻子和朋友，与姐姐、姐夫们常常

聚在良西镇坪顶村的祖屋，大家交流工作经验，分享家庭生活的乐趣，在他们录制的家庭生活的纪念视频中，5位老人佩戴着"光荣在党50年"纪念章，手握党旗，在蓝天下放声歌唱《没有共产党就没有新中国》。6位老人虽然已颐养天年，但是他们始终以身作则，带动下一代向党组织靠拢。

温家的后辈里还有3名年轻人加入了中国共产党，因而全家共有9名光荣的党员。这对于一个家庭来说是一种荣誉，更是有了美好家风形成的骨干力量。有老一辈的"传帮带"，温家定能一代一代把优良家风传承下去。

"三多一少"有"味道"，家风建设具创意

在普通的家庭生活中，温家也有自己的常态，温文爱用"三多一少"，朴素地阐释了自己的家风实践。"三多一少"，即"多走动，多关心，多聚会，少计较"。

多走动，就是要多往来，这是家庭亲情巩固的最基本的做法。"树果不摘树果过，亲戚不往亲戚疏"，这是我们乡村一直流传的关于血脉亲情的形象生动的描述，表达非常深刻。我们中华民族几千年来，都是崇尚礼尚往来的，这是基本的礼貌，特别是年青一代，一定要记住家中的老人，探望自己家族中德高望重的老党员、老战士，向他们致敬，向他们学习，记住所有亲戚朋友，多去看望他们。

多关心，是要求亲友间平时要相互多关心，嘘寒问暖，了解亲友的疾苦，知道他们有困难，积极给予支持，帮助他们渡过难关。不但要关心亲友的疾苦，同时也要乐于关心亲友取得的每一个成就，他们如何过上幸福生活，分享他们的快乐。亲情的维系与巩固，离不开相互关心。温文爱一家人就是这样做的，她也教育子女这样做。不但关心他们生活的甜酸苦辣，更要关心他们的思想进步和道德品质的养成。弟弟温栋荣常说，做官的要警钟长

鸣，决不能贪腐，对党忠诚，干净担当；经商的要公平竞争，富不忘桑梓，记住乡愁，对后辈注重提携教育，关心他们的学习成绩，关心他们的身心健康，把后代的健康成长放在家庭建设的第一位。为此，在温栋荣的倡导下温家有了自己家风建设的"基金"，奖励孝敬父母和老人的孩子，奖励立志读书成才的孩子，温家一共培养了8个大学生，其中硕士2名、本科4名。

多聚会，是指要常常举行家庭聚会，不要求物质的奢华，只求精神的丰富。大家围拢在一起，拉拉家常，分享各自的精彩，表达对幸福生活的向往与追求。家里不管谁遇上喜事都要祝贺，红白二事积极参与。把党课引入家庭，唱爱国爱乡的歌曲，朗诵爱国爱乡、歌颂拼搏向上的优美诗文，这也是温家这个党员之家的做法，不但有仪式感而且内容丰富多彩。

少计较，夫妻之间、父子之间、母子之间、兄弟叔伯婶母之间、前辈与后辈之间、邻里之间、亲朋好友之间，要宽怀待人，凡事理解在先，不嫉妒，不搬弄是非。谁都会一时有错，不要抓住对方的"小辫子"不放，斤斤计较只会坏了大家的亲情，毫无益处。我们在家庭生活中，要讲胸怀，讲包容，子女能养成这种品格，就能成长为一个有内涵、有格局的人。

温文爱家风有几个特点，首先，温文爱家风有着牢固的核心内涵，它是不需要刻意提炼的，是一以贯之世代传承的。主要体现在三个方面：其一，从毛泽东思想中找到家风建设活的灵魂，温文爱及其家人在家庭生活中总是能活学活用毛主席语录，这成了最美的家风涵养。不忘初衷，牢记使命，永远跟党走，成为家风建设的核心。其二，对党对人民的爱与忠诚是兴家立业之本。从家庭出发，自觉传承红色基因，赓续革命血脉，讲好本家在解放战争时期成为红色"堡垒户"的革命故事。教育后代忠于党，忠于人民，热爱祖国，热爱生活。年轻的温文爱入党后，也鼓励自己的爱人入党，成为一对党员夫妻。受到他俩的启迪和鼓舞，家中的党员不断增加，真正成为一个光荣的党员之家。其三，温文爱善于用"红色元素"阐释孝悌礼让的传统美德。党员多了，自然形成了一个自我严格要求志同道合的集体，大家"同频道"，并常常交流心得体会，这对家风内涵的酿成大有裨益。

温文爱说，党风即家风，这具有鲜明的时代意义，值得倡导。

温文爱的家教美言

温文爱善于总结，她将心得体会整理出来，记录下来当作自己的家训。这是非常值得我们学习的，摘录如下：

"家教家风是一种政治责任，清廉之风就是家风。有责任心的人最开心，儿女有责任感，父母最开心，家庭成员开开心心，家风必好。"

"互相学习，嘘寒问暖在平常，有生之年多作贡献。"

"家风有内涵，父辈的精神像水一样浸润家庭。万丈大厦从一沙一石做起，社会良好风气从家庭良好风气开始形成。"

"天边最美是彩虹，人间最美是真情，一生最美是健康，健康活着才是幸福；自信乐观是美德，不用大富大贵，健康平安，有责任有担当就好。"

"除了思想觉悟的提高，除了人格魅力的追求与完善，家风建设，最应注重家庭成员的一点一滴，一言一行，立身为国为家，从我做起，从小事做起。"

"多一分耐心，多一些温暖；多一分温柔，多一些幸福。父母爱孩子的方式，也是孩子爱父母的样子。"

述霞家风美德传

梁述霞、张放明夫妻相濡以沫、尊老爱幼、吃苦耐劳、礼让邻里。数十年来她承担着照顾两个家庭 7 个病人饮食起居的重任。凭着一颗孝心，她强忍泪水为家人无私付出，在家庭的不幸中她献出真情，用自己的高尚德行诠释着人间的真爱。她的事迹非常感人，受到了周围群众一致好评。

这是一个有着中华民族传统美德的家庭。梁述霞的父亲梁宋是解放战争时期参加革命的老同志。在家里，梁述霞是老大，下有两个智障的弟弟，而她自小就以孱弱的身体担起了管理家庭与照顾弟弟的重任。1983 年，梁述霞与张放明相识相知相爱，积极面对眼前的一切困难，共同挑起了照顾两个家庭的生活重任。

2005 年，家公患上肝癌，医生下了其生命只剩下 3 个月的结论。而梁述霞并不放弃，千方百计带他到江门医院去诊治，每月多次往返江门医院取药给家公治病，直到 2006 年家公去世。1999 年，家婆不慎摔断了腿，2007 年患中风，不久又患上老年痴呆症，吃喝拉撒都在床上，失去自控能力的老人家几乎每天晚上两三点钟爬到客厅，打门拍桌子，大声骂人，还将自己弄得满身屎尿。面对家婆这一切近乎"恐怖"的行为，梁述霞从无半句怨言，不离不弃，尽心尽力照顾老人。她总是像哄小孩似的帮家婆洗澡换衣服，更换铺盖，然后小心翼翼把家婆抱回床上，轻言细语安慰老人，一口饭一口水喂老人，直到老人入睡。直到家婆去世前的那一刻，梁述霞还认真给老人擦身子做按摩。

梁述霞父亲梁宋夫妇本来身患多种疾病，曾多次住院治疗，而他们两个智障儿子非但不能照顾老人，反而时时处处让人操心。女婿张放明和梁述霞一样，无怨无悔地照顾岳父岳母，白天上班、做家务，晚上还要到医院给岳父岳母做护理。2008 年11 月，梁宋在家中突然去世，两个智障儿子吓得几天不见踪影。张放明义无反顾地担起了"孝子"的责任。不久梁述霞的一位弟弟走失了，大家想方设法也没能寻回，但梁述霞依然尽心尽力地照顾另一位失去生活能力的弟弟。在他们的言传身教下，一双儿女也养成了孝敬父母、尊重长辈的良好品德，从小给父母分担忧愁，减轻他们的压力，总是主动照顾老人。梁述霞的儿子在广州上大学，每次打电话回来，总是要问候家中的老人，放假回来就心急如焚地跑到外公外婆的病房，嘘寒问暖，无微不至地照顾他们，这使梁述霞夫妇感到莫大的欣慰。

这是一个有着中华民族吃苦耐劳、积极向上精神的家庭。丈夫张放明曾一度患上严重的腰椎间盘突出，差点瘫痪，他们的女儿在上小学的时候跌倒在地，伤到了脑神经，导致身体发育停止，成年后也只有1.3米。为了给家中老少治病，梁述霞耗尽了家里的所有积蓄还东借西借，筹够药费。但是她们始终以一颗平和的心积极面对人生，从不怨天尤人，决不向命运低头，也没有向单位提出过帮助。梁述霞是客运服务班的服务员，她从不因家庭的事情而耽误工作，不管心里有多苦，上班的时候她总是微笑着迎送旅客，她的工作受到旅客的好评，多次被评为优秀员工。

这是一个有着大爱品格的家庭。梁述霞一家的爱心，不仅体现在家庭，更延伸到亲朋邻里和社会。全家人积极参加社会公益活动，在扶危济困、慈善捐款等活动中不甘落后，每次都尽力解囊。他们谦和热心，乐于助人，关心邻里，只要大家有什么需要帮忙的，一定是二话不说，尽可能地给予别人帮助。

梁述霞家庭被评为第八届"全国五好文明家庭"。述霞家风源于家庭成员内心的善良与孝心，源于那份坚守一生一世的爱，她用善良和爱哺育了一个贫病交加的家，克服重重困难，让有病的得到治病，让年幼的健康成长。她在平时的生活中没有什么美丽的辞藻，她的内心不需要装饰，她的灵魂不需要乔装打扮，她独力支撑着自己的家。她的生命属于家人，她以实实在在的行动营建了美好的家风，她就是这样活着。她是我们恩平人民的最美女儿。

"中国好人"彭玉芝

那吉镇回龙村的彭玉芝被中共中央文明办评选为 2013 年"中国好人"，突出表彰她"孝老爱亲"的事迹。

一场变故令家庭陷入困苦之中，籍贯为湖南龙山的彭玉芝，于 1990 年 10 月与恩平市那吉镇黄角村委会回龙村农民李荣昌结婚。彭玉芝结婚后两人育有一对儿女，她勤劳善良，乐于助人，为人诚恳，与丈夫李荣昌相互扶持、相濡以沫，成为邻里常常称赞的一对幸福夫妻。然而，天有不测风云，人有旦夕祸福，1995 年李荣昌突然中风全身瘫痪，生活无法自理，常年卧病不起。紧接着公公又患了绝症，不久婆婆病重离世，生活的重担一下子狠狠地砸在了彭玉芝的肩膀上。面对瘫痪在床的丈夫、两个年幼的孩子和因给丈夫治病而负债累累的家，彭玉芝曾犹豫过是否要离开这个家，但面对两个活泼可爱的孩子，面对重病的丈夫，她还是决定留下来，成为家里的顶梁柱。

为了给丈夫治病，彭玉芝瞒着丈夫多次辗转广州、江门的多家大医院求医。为了照顾好丈夫，她每隔两小时就给丈夫翻一次身，并擦洗身体和按摩，给丈夫喂粥喂饭，倒屎倒尿，洗衣服被褥，勤劳耐心，温柔细心。不断求医问药，家里的积蓄全花光了，还欠了许多债。治疗了一段时间后，因再也无法支付昂贵的医药费、住院费，被迫中断了住院治疗，她流着泪把丈夫背回家。在爱的呼唤下，在她的悉心照顾下，丈夫的病情有所好转，可以拄着拐杖慢慢行走了。

直面困难，勇挑重担，让家庭生活重露曙光。回忆起当初的辛酸，一向坚强的彭玉芝不禁红了眼眶，她默默擦拭着泪水。那年丈夫中风瘫痪时她只有 26 岁，为了支撑起这个家，无论是农妇的家务活还是男人干的重活她都一人独揽。这么多年来她起早摸黑勤扒苦做，犁田种地，所有的农活她都精通，有空还上山打柴卖，到建筑工地运砖背水泥。为了给丈夫治病，家里东西都卖光了，就是耕田的牛都是向别人借的，每次在田地干活到傍晚，空荡荡的田地里只剩下自己时，她不禁放声大哭，但想到第二天还得把耕牛还给人家，咬咬牙又继续干完剩下的活。当谈到今后的生活时，彭玉芝坚定地说："为给丈夫治病和供儿女读书，我必须拼命工作。"为增加收入，在多方关怀和帮助下，她又向亲戚朋友借了3万多元购买了一台新型磨米机，开设了磨米店。

勇救小孩，其见义勇为精神一时被传为美谈

彭玉芝自强不息的故事令人感动，其见义勇为的精神也让人敬佩。彭玉芝的邻居告诉笔者，有一年，彭玉芝在田里施肥，只听见有个女孩急匆匆跑上河岸大叫救命，彭玉芝立即丢下手中的活，奋不顾身地冲下河里，把溺水的小孩背了上来，通过做人工呼吸，小孩睁开眼睛苏醒过来了。村里人知道这事，都说阿芝好勇敢，是一个大好人。

彭玉芝的女儿李素静说起母亲的辛酸故事时不禁流下热泪。她说："妈妈一向对我和弟弟很好，一向和邻居相处融洽，是妈妈没放弃这个家，尽自己最大的努力为我们付出，支撑着我们的生活。今后我会以妈妈为榜样，以自强不息和乐于助人的精神面对生活，努力给妈妈幸福的生活。"

彭玉芝，你是一个很普通的农民妇女，你却很伟大，你上对得起日月，下对得起江河，虽然你不会说漂亮的话语，但你如此善良，如此充满爱心，你这样的德行，胜过万千豪言壮语，家人爱你，村民爱你，大家都向你学习。有你，家乡的人们很自豪，有你，你的孩子一定会幸福。

师者风范，大慈母爱

郑秀琼是恩平市年乐学校的教师，她的家庭被评为 2018 年第一届"广东省文明家庭"、2015 年度江门市"十大最美家庭"。

郑秀琼老师有一个崇尚文明、积极进取、相敬相爱的家庭。她敬业爱岗，事业有成，女儿知礼明理，健康上进，老人安享晚年生活幸福，赢得了许多人的赞美。郑老师和家人一起，严于律己，宽以待人，以德治家，谱写了一曲文明健康的动人乐章，她家盛开着文明之花，成为创建文明家庭的先进典型。她的家庭与千万个家庭一样，是一个普通的家庭，但这普通的背后，却蕴藏着一个个不平凡的故事。

爱岗敬业，工作楷模。郑秀琼老师不论做什么事情，都充分发挥共产党员的带头作用，认真履行职责，处处以身作则。不折不扣地去完成党交给的各项任务。她在教坛上默默耕耘。初次跟她接触的人，常常会被她热情开朗的性格所感染。可是谁也没想到，其实她正经受着常人难以想象的磨难，女儿两岁的时候，丈夫方剑辉就因病去世了，留下她与年迈的公公婆婆及女儿相依为命。然而命运的不幸令她变得更加坚强。凭着对亲人对事业对生活的爱，她在平常的生活中活出了精彩的内涵。在家里，她孝顺公婆，关爱孩子，勤俭持家，与邻居和睦相处，还以自己的模范言行化解邻里之间的不少矛盾，深得群众和同事的信赖及好评。在学校，她以慈母般的爱滋润着孩子们的心田，以饱满的热情投身到教育改革的热潮中，锐意进取，在平凡工作岗位中创造出了不平凡的业绩。她曾接手一个全校出名的"特殊班"。班上有名学生叫小聪，经常彻夜不归，流连于网吧、电子游戏机室。通过多次家访，她终于了解到小聪并非父母的亲生儿子，且养父已有68 岁高龄，对其无力管教，养母与他的感情不和。郑秀琼除了鼓励小聪勇敢面对现实，还多次找他谈心，主动亲近他，给他买学习用品。在班会上鼓励大家与他交朋友，让他感受到集体的温暖，她还深入家访细心启发家长抛弃前嫌多与孩子沟通，一起关心孩子的成长。"精诚所至，金石为开。"在她和家长的耐心教育下，小聪有了很大的转变，人变得文明有礼，学习成绩有了很大的提升，被同学们推选为学校的"优秀少先队员"。

在她的带动下，班里形成了你追我赶的良好风气，她的班还被评为市里的先进中队。她所撰写的教育教学论文和课题共有40多篇获奖或在国家级、省级、市级以上的刊物发表。她辅导学生参加学科竞赛有多人获奖。她先后被评为江门市"侨乡美德之星"、江门市"名班主任"、江门市"优秀教师"；恩平市"十大最美母亲""名班主任""先进工作者""家长学校先进工作者""教育先进工作者""十佳班主任""先进班主任""工会积极分子"。2015年9月，她的家庭被评为江门市"十大最美家庭"。11月她被推荐为广东省中小学骨干教师参加培训。她的先进事迹多次在报纸和电视台报道，还被收录于中共江门市委宣传部、江门市教育局等单位编印的书籍中。2016年，她的事迹被恩平市拍摄成短片《最美的守护》广泛宣传。

尊老爱幼，家中模范。在学校是骨干的郑秀琼老师，工作非常繁忙。但她总是抽出时间陪伴家中老人，与她们拉家常，或一起看电视，或翻看家人的旧照片，寻找生命中最美感受，相互关心，相互鼓舞，荣辱与共，一家子生活其乐融融。身为家中的顶梁柱，她以宽容的心善待每一位家庭成员，时时处处做到"多一点理解，多一点关怀"。作为儿媳，她尊敬老人，关心老人，孝顺老人，是出了名的孝顺儿媳；作为母亲，她以身作则，注重对女儿进行世界观、人生观和价值观的教育，培养孩子节俭、谦逊、自强的良好品质，教育她独立自主，学会做事学会做人，做一个对社会有贡献的人。

俗话说："婆媳难处，小姑难缠。"但她们这对有着特殊背景的婆媳却相处得十分融洽。公婆已上了年纪，体弱多病，平时家中的大小事务全靠她一个人操持。一家大小无病无疾还好，一旦公公婆婆有点小病小痛，她便忙得团团转。有一次，上天好像故意考验她的孝心似的，就在她要参加市里的优质课竞赛的前一天，她家婆发烧生病，她连晚饭也顾不上吃，就送家婆去医院诊病。她陪着家婆在医院形影不离，医院里的医生、护士还以为她们是母女俩呢。婆婆回到家里，每天晚上她都几次起来为家婆量体温，盖被子，照料老人家饮水吃药。同时她还要为第二天的教学竞赛备足功课，弄得一夜睡不好觉，第二天她还得强打精神去上班，功夫不负有心人，全市的教学竞赛她获得了二等奖。还有一次，她的公公因为高血压、胃出血住进了医院，她家亲戚见她忙不过来就主动帮忙照顾。她白天上班，晚上下班坚持亲自探望家公，送饭送菜，一有空就去照顾老人。她家婆逢人便夸自己的儿媳妇待我们比亲生女儿还亲。家中二老待她，也视如己出，她每次下班回家，总会见到一对老人在阳台上翘首望着她归家的路，直到她出现在他们的视线内，才放心地张罗着饭菜一起吃饭。

以德育人，母慈女孝。郑秀琼老师作为新时期的女性，肩负着工作与家庭两副重担。作为单亲妈妈，她独自承担着抚养教育女儿的责任。在孩子的成长过程中，她一个人扮演着多重角色，既是严格的父亲，又是慈爱的母亲，更是女儿的良师益友。她尊重孩子，生活中和孩子平等相待。在孩子面前，她总是保持积极乐观的心态和活泼开朗的性格。在她的影响下，孩子形成了积极向上的人生态度，从小自立自强，在生活上独立自主，在思想上力求上进，在学业与事业上努力拼搏。在校期间，女儿喜欢写作，多次参加市举行的阅读写作竞赛均，多次获得一、二等奖,撰写的作品还多次被刊登在报纸上。她一直是学校的"三好学生""优秀班干部",工作后也是单位的优秀员工。妈妈在台灯下孜孜不倦工作的背影和对爷爷奶奶的孝顺,是孩子眼中一道不变的风景线。女儿在妈妈的带动下,从小就尊长辈、爱学习、乐助人,小小年纪就充满爱心。

率先垂范,邻里和谐。爱如果仅停留在一家人之间,那么这种爱还只是一种狭隘的爱。可郑老师一家却把这种爱这份情延伸到亲朋邻里,甚至素不相识的人身上。她一家几口从来都乐于助人,只要大家有什么需要帮忙的她总会及时伸出援手。

郑老师居住的小区有很多年轻人外出打工了,遇上孩子入学,需要网上报名,老人家不会上网,总会带上资料来找郑老师帮忙;如果见到邻居家里老的少的身体不适,她也会热心帮忙寻医问药,有时候还要送他们去看医生。她婆婆也被大家称为热心大妈,要是碰上下雨哪家没人,她主动帮忙收晾在天台上的棉被。谁家孩子放学,家人不在家,她热情邀请孩子先到她家做作业。她公公还经常义务送邻居家的孩子去上学,见到小区里需要帮忙做点公益,也乐意为大家服务。她女儿在单位经常帮助那些年长的同事解决工作中的困难。提到这一家,人们总会伸出大拇指说:"这样好的家庭,就该点赞,向她们学习。"

梁锦花,最美家庭之花

2018年,那吉镇圩镇社区梁锦花家庭被评为广东百户"最美家庭"。

每当提起梁锦花,圩镇社区的左邻右舍总是交口称赞,敬佩她是一位敬老爱幼、善良淳朴、勤俭持家的好母亲。她用无私的母爱悉心呵护着孩子,把工作与家庭的关系处理得有条有理。作为妻子，梁锦花与丈夫相敬如宾，对待公婆敬如父母，还照顾家中有智力障碍的小叔的生活起居。几十年来，梁锦花用自己的爱心经营起一个和谐温暖的家。

1995 年，梁锦花与丈夫结婚，一年后便生下儿子，然而他们很快就发现儿子有发育不正常的现象，后来儿子经诊断为脑瘫患儿，落下终身残疾。孩子不能健康成长，不久后丈夫的意外下岗更是让这个家雪上加霜，然而梁锦花没有被压垮，她始终对孩子深爱有加。梁锦花振作精神，积极面对家庭生活，她相信好好爱、好好工作定有回报。从此夫妻二人坚定携手，共同为这个家庭寻找出路。为了家庭，梁锦花夫妻以超乎寻常的毅力在肉菜市场经营包点生意。由于起早摸黑地干，他们的生意越做越好，家庭生活慢慢好起来。

岁月无痕，爱心可嘉。明知孩子的生死不能掌控，但梁锦花始终不离不弃，多少个日日夜夜的煎熬与护佑，梁锦花被折磨得不成人样，但给孩子的爱却从未停息。在公婆日渐衰老、小叔病情日益恶化时，她对亲人对家庭更是义无反顾地坚守与照顾。虽然踏出的每一步都那样艰难，但她心中有爱，勇往直前。此外，梁锦花一直坚守着"邻里关系亲如弟兄，情同手足"的道理，与邻居和谐相处，热心帮助社会上有需要的人们，积极支持社区工作，用实际行动赢得了街坊邻里的尊敬与称赞。

无病无灾的家庭谁都祈求，温暖而幸福的生活，谁都需要，无论面对怎样的家境，用自己的爱和能力消除家中伤痛和困难，无论自己怎样辛苦和吃亏，时时刻刻给家人以温暖以希望以幸福的感觉。无论大事小事，一点一滴自己承担，咬着牙关尽力而为。在她们心里一个家就像一个人一样，同甘苦共命运，自己有一口饭家人就有一顿饭，家庭的和睦幸福就是自己的快乐。宝贵的精神的力量，是家中霞光般的温暖与美好。

卢彩霞与她的家训墙

彩霞烂漫新风竞

卢彩霞是横陂人，从农村出来到圩镇开了一家小小的照相馆，生意虽然淡淡的，但她们一家子生活得有滋有味，家庭很温暖。她家的生活是很普通的，但她和她的家人对生活和工作有着积极的态度，她们对家风建设是有思考的，幸福美好的家庭必有优异的家风，而良好的家风要靠一代一代人的用心酿成。

卢彩霞，大家都亲切地叫她彩霞，她用朴素的笔墨写下自己的家训：孝悌为先，诚信为本；文明尚礼，勤俭持家。

从小，彩霞就生活在一个幸福快乐的家庭里，在良好的家风中成长。她爸爸是一位人民教师，并且是一名老党员，妈妈在学校做校工。彩霞是家里的老大，下面还有两个弟弟，那时，一个读大学一个读技校，她高中毕业后就一直在深圳务工，每个月的工资都是寄回来给弟弟交学费，给父母补贴家用。后来卢彩霞认识了黄伟宁，俩人在 1995 年 8 月结婚了。彩霞嫁过来的家庭也是教师之家，老公、家公、小叔都是人民教师。为了不两地分居，卢彩霞也辞了深圳的工作，回来当了一名代课教师。在教学工作中卢彩霞常对学生讲："不求你们人人成才，但求你们个个成人。"卢彩霞向人民展示了一位普通基层教师的风采。

1998 年，卢彩霞下岗了。下岗后，她自主创业，开了个小卖部。刚开始，没有经验，但她坚信以质量求生存，以价廉创优势。2003 年得益于国家经济发展的大好环境，她又开办了照相馆，成为一名个体户。2016 年卢彩霞成为一名正式的共产党员。入党后，她认真学习党章，致富思源，乐于奉献，时刻把"为人民服务"的思想铭记于心。多年来，她爱国敬业，守法经营，被评为优秀共产党员。因为文明守法，依法纳税经营，多年来卢彩霞被评为先进个体工商户。现在在个体劳动者协会担任支部委员职务。

卢彩霞的丈夫，大学毕业后就被分配到横陂中学当了一名物理老师，至今扎根乡村学校 30 多年了。人们把教师比作"园丁"，而彩霞更愿意把他比作"泥土"。"泥土"不仅把爱给了花，也同样给了草。他除了上课，其他时间还做电工和家电器械修理工，学校的电风扇、灯管等坏了都是他去修，邻居的电视、洗衣机坏了，他去修，总之有人求到他，他就不辞劳苦去帮忙。他利用空余时间自学修理新式家电和手机，利用平时空闲时间到农村帮人修理家电，每次修理都是仅收零件成本费，从不多收别人的钱，深受老百姓的好评。黄伟宁老师没有什么不良嗜好，平时有时间就种种花，弄弄家谱，帮老婆做相册，家里的一切大小事务他都自觉承揽。在横陂镇，人们都称赞他是一个大好人。那年农村老家修公路，很多外地车辆开到他们村迷路无法出去，黄伟宁每晚都拿着手电筒给他们带路。有时晚上十二点了还有车辆走错路，

卢彩霞一家

他都毫无怨言起床指挥司机把车开出去。司机们都很感谢他，都向他竖起大拇指，赞扬他。

在家里彩霞不单是她丈夫的爱人，还是一位受宠的"女王"，卢彩霞在家里除了煮饭，其他的家务被丈夫和儿子全部包揽。她每有生病时都会头痛，丈夫都会叫她早点休息，并且为她擦药油，还煲上白粥等她醒来吃。丈夫不会甜言蜜语，只会用行动表示。在家里彩霞是幸福的小女人。

彩霞夫妻俩共同做了一件得心应手的事，那就是给自己心爱的孩子做了一个成长相册，相册做得很精美，这与彩霞开了照相馆有一定的照相制作技术有关。这是一部家教相册，记录了孩子成长的点滴，也是给孩子人生的忠告和劝勉——

孩子，为什么要努力读书？

不一定能赚很多钱，却可以看见更大的世界。

不一定能大富大贵，却能有更多的选择机会。

不一定能交到很多朋友，却能拥有更充实的人生。

不一定会让你的智商更高，却能让你从容应对生活。

不一定能让你成为完美的人，却能帮你不断完善自我。

不一定会延长生命的长度，但一定会拓展生命的宽度。

孩子，加油！你是最棒的！

相册里整理出家规：

自己的事情自己做。

做事要持之以恒。

不能浪费任何食品。

遇到事情想办法解决。

积极主动帮助别人。

大胆尝试、坦然接受挫折和失败。

勇敢承担，做错了事主动弥补。

见人主动打招呼。

任何时候不能说谎。

好的东西要学会分享。

任何时候都要保护好自己。

这是多么朴素而平凡的语言，多么真诚的人生态度，语言里透着温暖和真情，指引着前进的方向，有无穷的动力，这就是父母和孩子共同成长的合力。

彩霞的儿子黄健成，初中、高中都是在恩平市黄冈实验中学就读的，大学就读于北京理工大学珠海分院。他从小就很懂事，学习上非常努力，成绩在班里名列前茅，每年都获得"三好学生"称号，在高中时还获得过"全国高中生化学素质和实验能力竞赛"二等奖和广东省"高中学生化学竞赛"二等奖，读大学时获得优秀学生奖学金。他孝顺老人，家里的老人都喜欢和他谈心事，他也非常认真听老人唠叨。他不但对老人好，对堂弟、表弟、表妹都很好，不论在生活上，学习上，个个都把他当学习榜样。他毕业工作后回来都给家里的老人零用钱，

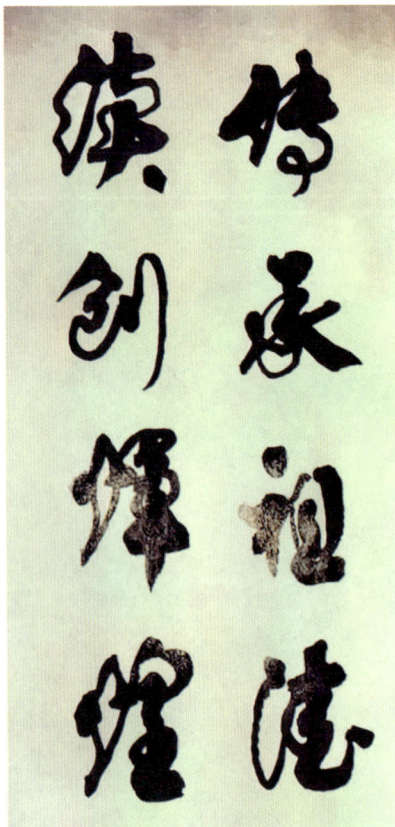

传承祖德书法作品

并且他出差到哪个地方都会买些零食回来给他们吃。他贴心，知道他妈妈怕蚊子咬，还买了防蚊带，叫她回农村时戴上不被蚊子咬。对这个儿子彩霞夫妇是非常满意的。

相册是公开的，谁都可以看到，但彩霞透露了一件这样的事，孩子黄健成和他父亲都有一个相同的习惯，他们在外面获得许多荣誉，有过许多奖励，可是那些奖状都是在她收拾房间的时候，在箱底发现的。做妻子的，做妈妈的却一点"风声"都不知道。他们父子俩就是这么低调，从来不炫耀自己。

黄健成在家里做家务，给父母捶背洗脚，给母亲买电热毯，给父亲买最温暖的棉衣，同样也是平凡的，但这却表现出一种伟大的人间至爱。让人感悟颇多。用孝顺的心对待父母，父母可以得到很好的孝养；用恭敬孝养父母的心做天下的事情，这个世界会因为你的存在而变得格外美好。

结婚20多年来，他们夫妻恩爱，孩子孝顺，家庭和睦。这就是彩霞的家，一砖一瓦都用爱去建造，家人的微笑给她不尽的财富，家人的关爱给她无限的力量。家，永远是令人向往的地方，那里有他们的亲人，有他们渴望的温暖和爱。"家是温暖的港湾"，这比喻多么贴切啊！

好家风的形成，是一个世世代代的接力过程。在这个过程中，人们能够总结梳理，去粗取精，去伪存真，美好家风慢慢地成为人们的潜意识，成为约定俗成的文化，成为一种人们行为的自觉规范，这样人们就有了爱社会爱家庭的热情和动力来源。卢彩霞家风的美好之处就是被世世代代那种良好的家风浸润，然后又在家庭中慢慢地释放出纯朴、谦让、勤奋与爱，相互影响了每一个家庭成员，使大家都表现出良好的时代风貌，自信家风的美好就一定带来生活的美好。

后 记

经过两年多的努力，本书终于付梓。这让人深感欣慰。这里我们要感谢恩平市纪委监委、市委组织部、市委宣传部、政协文史委、教育局、档案馆、各镇街等部门单位和社会各界热心人士给予的大力支持；感谢吴榕辉、袁林英和冯和锦等美术教师提供绘画作品，卢梅珍整理图文资料，还有相关家庭提供的生活照片，让本书生色不少，特别感谢群言出版社从组稿到出版给予悉心的指导和帮助，使得成书顺利。本书可以说是一部"集体"家书，相信其发行后将在社会上得到良好的反响，为推动我们的社会和谐发展作出贡献，这也是编者的初衷。

由于本书取材涉及许多历史事件和人物，涉及许多家庭生活，加上编者的水平有限不免存在瑕疵，在此恳请读者批评指正，深表谢意。相信我们在今后的工作中会进一步吸取大家的意见和建议，修正谬误，严加雕琢，为本书充实内容，增添亮色，使其更具可读性，更有感染力。此为愿望也为本书后记。

2024 年 8 月

出版者的话

2022 年 6 月 8 日，习近平总书记在《四川考察时的讲话》中强调："家风、家教是一个家庭最宝贵的财富，是留给子孙后代最好的遗产。"2023 年 10 月 30 日，习近平总书记《在同全国妇联新一届领导班子成员集体谈话时的讲话》中指出："要讲好家风故事，引导广大妇女发挥在弘扬中华民族传统美德、树立良好家风方面的独特作用，营造家庭文明新风尚。"

恩平是古老的县邑，在漫长的历史长河中有着丰富的历史积淀。恩平又是中国著名侨乡，广大华侨爱国爱乡，为祖国的繁荣昌盛作出重大贡献。在社会的发展过程中，当地人民十分重视家风建设。在传统美德教育和时代文明的发展中，出现了许多杰出的人物，其中许多流传甚广的家风故事无不闪耀着中华民族传统美德的光辉。当地各姓氏族人十分重视家训文化的创建，为了敬宗睦族，为了一代一代人的家庭幸福，祖先们以心得体会的形式写下了世代流传的家训。其内涵丰富，可读性强，影响深远。

《恩州好家风》一书主要描述了来自恩平市的优秀名人的家风故事，他们在幸福家庭的建设中为国家和社会发展作出了积极贡献，他们都以实际行动实现着自己的人生价值。其中有中国航空之父冯如，中国驻联合国首任副秘书长唐明照与他的女儿唐闻生，原粤中纵队司令员、广东人大常委会副主任、羊城晚报总编辑吴有恒，世界特技飞行员张瑞芬等人，他们每一个家庭无不家风优良，人才辈出。人们从各个方面挖掘和整理出那些美好的家风故事，研究那些能够影响千千万万家庭的家训文化，用具体生动的形式在社会推广，令人感动，值得大家学习。这里，恩平市妇联非常敬业用心，立在时代的前沿，拉满了家风建设的风帆，带领着万千家庭深刻涵养祖祖辈辈的家风内涵，鼓舞他们以家风建设增强和谐社会的凝聚力和向心力，永远跟党走。她们的做法值得研究，她们的经验值得学习和推广。

本书是贯彻落实习近平总书记有关家风建设重要指示精神的具体表现，是恩平家风建设的实际成果，在弘扬中华民族传统美德、树立良好家风方面有着重要的指引作用。我们出版这本家风文化故事是充满期待的，它的问世将会产生深远的意义。